国家中职示范校模具类技能人才培养系列教材

冲压工艺及模具设计实训教程

郭志强 编

化学工业出版社

·北京·

全书共分六个项目：认识冲压、冲裁成形及模具设计、弯曲成形及模具设计、拉深成形及模具设计、多工位级进模具设计、其他成形方法及模具。每个项目都包括"基础理论"与"基础实训"两大部分，并在项目二、三、四这三个项目中加入"典型模具设计实训"部分，强化"冲裁模""弯曲模"及"拉深模"三类典型模具的工艺设计及结构设计的训练。

本书适合作为中职模具、机械、数控技术应用等专业的配套教材，也可作为模具制造工技能证书培训资料或从事模具设计的专业人员的参考资料、自学教材。

图书在版编目（CIP）数据

冲压工艺及模具设计实训教程/郭志强编. —北京：
化学工业出版社，2015.1
国家中职示范校模具类技能人才培养系列教材
ISBN 978-7-122-22341-8

Ⅰ.①冲… Ⅱ.①郭… Ⅲ.①冲压-工艺-中等专业学
校-教材②冲模-设计-中等专业学校-教材 Ⅳ.①TG38

中国版本图书馆 CIP 数据核字（2014）第 268649 号

责任编辑：李　娜　　　　　　　　　　文字编辑：吴开亮
责任校对：蒋　宇　　　　　　　　　　装帧设计：王晓宇

出版发行：化学工业出版社（北京市东城区青年湖南街 13 号　邮政编码 100011）
印　　装：三河市延风印装有限公司
787mm×1092mm　1/16　印张 10　字数 240 千字　2015 年 5 月北京第 1 版第 1 次印刷

购书咨询：010-64518888（传真：010-64519686）　售后服务：010-64518899
网　　址：http://www.cip.com.cn
凡购买本书，如有缺损质量问题，本社销售中心负责调换。

定　　价：29.00 元　　　　　　　　　　　　　　版权所有　违者必究

序

    职业教育需要根据行业的发展和人才的需求设定人才的培养目标，当前各行业对技能人才的要求越来越高，而激烈的社会竞争和复杂多变的就业环境，也使得职业院校学生只有扎实地掌握一技之长才能实现就业。但是，加强技能培养并不意味着弱化或放弃基础知识的学习；只有扎实地掌握相关理论基础知识，才能自如地运用各种技能，甚至进行技术创新。所以如何解决理论与实践相结合的问题，走出一条理实一体化的教学新路，是摆在职业教育工作者面前的一个重要课题。

    项目任务式教学教材就很好地体现了职业教育理论与实践融为一体这一显著特点。它把一门学科所包含的知识有目的地分解分配给一个个项目或者任务，理论完全为实践服务，学生要达到并完成实践操作的目的就必须先掌握与该实践有关的理论知识，而实践又是一个个有着能引起学生兴趣的可操作项目。这是一种在目标激励下的了解和学习，是一种完全在自己的主观能动性驱动下的学习，可以肯定这种学习是一种主动的有效的学习方式。

    编写教材是一项创造性的工作，一本好教材凝聚着编写人员的大量心血。今天职业教育的巨大发展和光明前景，离不开这些致力于好教材开发的职教工作者。现在奉献给大家的这一套模具类技能人才培养系列教材，是在新形势下根据职业教育教与学的特点，在经历了多年的教学改革实践探索后编写的比较好的教材。该系列教材体现了作者对项目任务教学的理解，体现了对学科知识的系统把握，体现了对以工作过程为导向的教学改革的深刻领会。

    本系列教材内容统筹规划，合理安排知识点与技能训练点，教学内涵生动活泼，尽可能使教材体系和编写结构满足职业教育模具类技能人才培养教学要求。

    我们衷心希望本套教材的出版能够对目前职业院校的教学工作有所帮助，并希望得到职业教育专家和广大师生的批评与指正，以期通过逐步调整、完善和补充，使之更符合模具类技能人才培养的实际。

国家中职示范校模具类技能人才培养系列教材编审委员会

2013 年 9 月

　　模具是工业生产批量化、自动化的产物。因此，模具制造技术水平是衡量一个国家工业水平的重要标志。冲压模具因为具有生产率高、加工成本低、材料利用率高、操作简单、便于实现机械化与自动化等一系列优点，在模具工业中占据重要地位。

　　本书由六个项目组成，每个项目都包括"基础理论"与"基础实训"两大部分，并在项目二、三、四这三个项目中加入"典型模具设计实训"部分，强化"冲裁模"、"弯曲模"及"拉深模"三类典型模具的工艺设计及结构设计的训练。

　　本教材编写尝试打破原来学科知识体系，按实际模具设计生产过程来构建课程技能培训体系，具体有如下特点。

　　第一，在模具"基础理论"部分基本采用"变形过程分析→冲件工艺分析→模具工艺设计→模具结构设计"流程安排编写结构，融入专业教学法理念，充当学生的"引导文"部分。

　　第二，在模具"基础实训"部分，以"理论基础测试"和"课堂实训"形式，向学生提出问题，借此引导学生抓住"冲裁模"、"弯曲模"、"拉深模"、"级进模"及"成形模"的工艺计算及结构特点，力求具体而深入浅出地培养学生对冲压模具的基本理论知识和基本操作技能的掌握。

　　第三，在"典型模具设计实训"部分，以任务驱动形式，初步训练学生的模具综合设计能力。此部分的最大特点是每个典型设计项目都以工作过程为导向，并采用模板填空的形式，力求以简单明了的脉络过程逐步引导强化学生对三类典型冷冲模的设计步骤、方法的理解与掌握。

　　另外，查阅设计资料的能力也是模具从业者应该掌握的能力。借助本教材及附录中所列出少量表格数据为例子，引导学生理解掌握设计手册的应用，为培养其初步设计模具能力打好必要的理论、方法基础。

　　本实训教材适合作为中职模具、机械、数控技术应用等专业的配套教材，也可作为模具制造工技能证书培训资料或从事模具设计的专业人员的参考资料、自学教材。

　　本书由广东轻工职业技术学校郭志强编写。

　　限于编者水平，书中难免有错误和不足之处，敬请读者批评指正。

编　者

2014 年 11 月

CONTENTS 目 录

项目一
认识冲压

学习内容

　　本项目主要介绍冲压工序与冲模分类、冲压模具结构的基本组成、冲压常用材料、冲压模常用材料以及冲压设备的基本知识等，为冲压模具设计打下基础。

学习目标

　　（1）了解冲压成形工艺分类。
　　（2）了解冲压模具工作过程，掌握冲压模具主要组成部分。
　　（3）了解冲压材料及模具材料类型及应用。
　　（4）了解冲压设备结构及工作原理。

课题一
冲压基础

内容一　冲压基本概念

在生产中常见的金属加工方法有铸造、焊接、热处理、金属切削加工、金属塑性加工、特种加工等，冲压加工就是金属塑性加工中的一种主要方法。

冲压又称冷冲压，是在室温下，利用安装在冲压设备（主要是压力机）上的模具对材料施加压力，使其产生分离或塑性变形，从而获得所需零件（俗称冲压件或冲件）的一种压力加工方法，通常又称为板料冲压。

冲压模具、冲压设备和冲压材料构成冲压加工的三要素，它们之间的相互关系如图 1-1 所示。

冲压加工适用于批量生产，与机械加工及其他加工方式相比，主要特点如下。

① 可以加工形状复杂的制件，制件材料表面质量较好。

② 冲压加工节能、无切削，应用广泛。

③ 制件尺寸由模具保证，尺寸稳定，互换性好。

④ 操作简单，劳动强度低，安全、自动化程度高，生产效率高。

⑤ 材料利用率高，由于是批量生产，所以单件成本低。

⑥ 模具一般为单件生产，需要调试合格才能投入冲压加工，所以模具价格较高。

图 1-1　冲压加工的要素

内容二　冲压材料

冲压材料大部分是各种规格的板料、带料、条料、棒料和块料。

常用金属冲压材料以板料和带料为主，棒料仅适用于挤压、切料、成形等工序。

带料又称为卷料，有各种不同的宽度和长度，宽度在 300mm 以下，长度可达几十米，成卷供应，主要是薄料，适用于大批量生产的自动送料。带料的优点是有足够的长度，可以提高材料利用率；不足是开卷后需要整平。

条料根据冲压件的需要，由板料剪裁而成，用于中小型零件的冲压。

块料一般用于单件小批量生产、价值较昂贵的有色金属冲压，并广泛用于冷挤压。

冲压材料类别包括黑色金属、有色金属和非金属三大类。其中主要以各种金属板料为冲压加工对象。

黑色金属材料是冲压生产中应用最为广泛的材料，主要有普通碳素钢、碳素结构钢、不锈钢等。

常用的普通碳素钢牌号有 Q195、Q235、Q275 等，常用的碳素结构钢牌号有 08F、08、10、20、45 等，常用的不锈钢牌号有 1Cr13、1Cr18Ni9Ti。

冲压常用有色金属材料主要有铜及铜合金、铝及铝合金、镁合金等。常用铝牌号有 1060、1050A，硬铝牌号有 2A12，纯铜牌号有 T1、T2、T3，黄铜牌号有 H62、H68 等。

非金属材料也可以冲压加工，如纸板、胶木板、塑料板、纤维板、云母等。

无论黑色金属还是有色金属，板料或带料的尺寸及公差一般都要遵循相应的国家标准或行业标准，可查阅有关手册和标准。

内容三　冲压模具

1. 冲压工序及冲压模具结构组成

因为冲压件形状、尺寸、精度、生产批量、原材料等的不同，冲压工序也不同，一般把板料冲压工序分为分离工序和塑性成形工序两大类。

分离工序是指在冲压过程中，将冲压件与板料沿着一定的轮廓线相互分离，同时冲压件分离断面的质量也要满足一定要求的工序。分离工序主要包括落料、冲孔、切断、切边、切口等工序。

塑性成形工序是指材料在不破裂的条件下产生塑性变形，获得一定形状、尺寸、公差和精度要求的零件的工序。塑性成形工序主要包括弯曲、卷圆、拉深、变薄拉深、翻孔翻边、胀形、起伏、扩口、缩口、整形等工序。

常见冲压工序分类、特点及模具结构如表 1-1 所示。

表 1-1　常见冲压工序分类、特点及模具结构

类别	工序名称	工序简图	工序特点	模具结构简图
分离工序	落料		从板料上冲掉的部分是制件	

续表

类别	工序名称	工序简图	工序特点	模具结构简图
分离工序	冲孔	废料　工件	从板料上冲掉的部分是废料	
塑性成形工序	弯曲		利用模具将板料压弯成一定尺寸与角度	
	拉深		利用模具将平板毛坯压延成空心件	

　　冲压模具是将材料加工成零件的一种特殊工艺装备，俗称冷冲模。比较常见的分类方式有两种：一种按照工序类型分，可以分成冲裁模、弯曲模、拉深模和成形模等；另一种按工序组合程度分，可以分成单工序模、复合模和级进模三大类。

　　在冲压的一次行程中，只完成一个冲压工序的模具称为单工序模具；在冲压的一次行程中，在同一工位上，同时完成两道或两道以上冲压工序的模具称为复合模；在冲压的一次行程中，在不同工位上，同时完成两道或两道以上冲压工序的模具称为级进模。

　　制件不同，冲压工艺不同，则使用的冲模也有所不同。但是从整体而言，冲压模具的基本结构是相同的。图1-2列出了冲模常见结构。

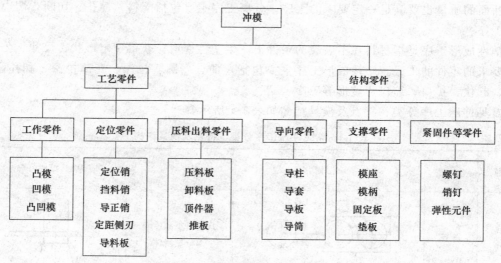

图 1-2　冲模基本结构组成

2. 冲压模具材料

模具材料的选用，要考虑模具的使用条件，综合材料性能，取其最佳要素满足冲压要求。对于冲裁，主要要求工作零件刃口部分要有高硬度和耐磨性，并且具有较好的抗弯强度和韧性。对于弯曲模和拉深模，主要要求刃口部分具有高耐磨性（尤其是拉深模），其次要求有足够的韧性、表面硬度等。模具中的结构件，如固定板、垫板等零件，除了强度要求外，还要求热处理变形小、工作时不变形或变形很小。另外，还要综合考虑模具寿命和成本。具体模具零件的常见材料及热处理要求可以参考表1-2、表1-3。

表 1-2 模具工作零件常用材料及热处理要求

模具类型		零件名称及作用条件	材料牌号	热处理硬度（HRC）	
				凸模	凹模
冲裁模	1	冲裁料厚 $t \leqslant 3mm$，形状简单凸模、凹模或凸凹模	T8A、T10A、9Mn2V	58～62	60～64
	2	冲裁料厚 $t \leqslant 3mm$，形状复杂或冲裁料厚 $t > 3mm$ 凸模、凹模或凸凹模	Cr12、Cr12MoV、CrWMn、GCr15	58～62	62～64
	3	要求高耐磨的凸模、凹模和凸凹模，或生产量大，要求特长寿命的凸凹模	W18Cr4V	60～62	61～63
			65Nb	56～58	58～60
			YG15、YG20	—	
	4	材料加热冲裁时用凸模、凹模	3Cr2W8、5CrNiMo	48～52	
			CG-2	51～53	
弯曲模	1	一般弯曲用的凸模、凹模及镶块	T8A、T10A、9Mn2V	56～60	
	2	要求高耐磨的凸模、凹模及镶块，或生产量大、要求特长寿命的凸凹模	Cr12、Cr12MoV、CrWMn、GCr15	60～64	
	3	材料加热冲裁时用凸模、凹模及镶块	5CrNiMo、5CrMnMo	52～56	
拉深模	1	一般拉深用的凸模和凹模	T8A、T10A、9Mn2V	58～62	60～64
	2	要求耐磨的凹模和凸凹模，或冲压生产批量大、要求特长寿命的凸模、凹模	YG15、YG8	—	
	3	材料加热拉深用的凸模和凹模	5CrNiMo、5CrMnMo	52～56	

表 1-3 模具结构零件常用材料及热处理要求

零件名称	使用情况	材料牌号	热处理硬度（HRC）
上、下模座	一般负荷	HT200、HT250	
	负载特大，受高速冲击	45	—
	大型模具	HT250、ZG310-570	
模柄	压入式、旋入式和凸缘式	Q235	
	浮动式及球面垫块	45	43～48
导柱、导套	大量生产	20	58～62（渗碳）
垫板	一般用途	45	43～48
	单位压力大	T8A、9Mn2V	52～56
推板、顶板	一般用途	Q235	—
	重要用途	45	43～48

续表

零件名称	使用情况	材料牌号	热处理硬度（HRC）
推杆、顶杆	一般用途	45	43～48
	重要用途	CrWMn、Cr6WV	56～60
导正销	一般用途	T10A、9Mn2V	56～62
	高耐磨	Cr12MoV	60～62
固定板、卸料板	—	Q235、45	—
定位板	—	45、(T8)	43～48 (52～56)
导料板（导尺）	—	45	43～48
托料板	—	Q235	43～48
挡料销、定位销	—	45	—
废料切刀	—	T10A、9Mn2V	56～60
定距切刀	—	T8A、T10A、9Mn2V	56～60
侧压板	—	45	43～48
侧刃挡板	—	T8A	54～58
拉深模压边圈	—	T8A	54～58
斜楔、滑块	—	T8A、T10A	58～62
		45	43～48
限位圈（块）	—	45	43～48
弹簧	—	65Mn、60Si2MnA	40～48

实际生产时可以根据制件的产量来确定凸模、凹模材料，如表 1-4 所示。

表 1-4　模具工作零件常用材料及热处理要求

制件生产	＜10 万件	＞10 万件	＜100 万件		＞100 万件	
材料名称	优质碳素工具钢	低合金工具钢	中合金工具钢	高强度基体钢	高速钢	硬质合金
牌号举例	T8A T10A	CrWMn 9Mn2V	Cr12MoV	65Cr4W3Mo2VNb	W18Cr4V	GT35 YG11 YG15

内容四　冲压设备

冲压所用的设备主要是机械压力机，俗称冲床。目前，工厂里应用较多的冲压设备有曲柄压力机、摩擦压力机和液压机三种，其中曲柄压力机是应用最为广泛的冲压设备。

冲模用的曲柄压力机主要由以下几个部分组成。

① 工作机构。包括曲柄、连杆、滑块等。

② 传动机构。包括带轮、齿轮等。

③ 操作纵机构。包括离合器、制动器、脚踏板等。

④ 支撑部件。指机身、工作台等。

⑤ 动力系统。指电动机。

此外，还有多种辅助装置，如润滑、保险装置等。图 1-3 所示为开式可倾式压力机。

机身的作用是将压力机所有零件连接为一个整体；曲柄、连杆、传动轴则将机床电动机产生的动力传递给滑块，并将曲柄的旋转运动变成滑块的直线往复运动；连杆和滑块就是带动模具的上模部分对下模部分作用，完成冲压成形；飞轮则用来储存和释放压力机的能量，克服曲柄连杆机构的死点并保持曲柄压力机的工作稳定性；离合器与制动器分别用来启动和停止压力机的动作；脚踏板用来控制冲压动作的启动，踩下一次，模具就完成一次冲压动作。

开式双柱可倾式压力机部分技术参数可在附录二查得。

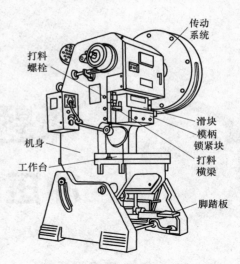

图 1-3　开式可倾式压力机

课题二
冲压基础实训

内容一　冲压基础测试

一、填空题

1. 冲压工艺是在常温下，在_____下，利用_____对材料施加压力，使其产生_____或者_____，从而获得所需零件的一种压力加工方法。

2. 冲压工序分为_____工序、_____工序两大类。

3. 从广义来说，利用冲模使材料相互之间分离的工序称为冲裁。它包括_____、_____、_____、_____等工序。但一般来说，冲裁工艺主要是指_____和_____工序。

4. 模具的上部分固定在压力机的_____，下模部分固定在压力机的_____。

5. 一般冷冲模模具结构按照作用分为_____零件和_____零件两大类。

6. 按工序组合程度分，冲压模具可分为_____、_____和_____等几种。

7. 在压力机的一次行程中，_____冲压工序的冲模称为单工序模。

8. 在压力机的一次行程中，在模具的_____，完成_____冲压工序的模具称为复合模。

9. 冲裁模具零件可分为_____和结构零件。

10. 冲模基本结构组成零件有_____零件、_____零件、压料卸料零件、_____零件、_____零件、紧固及其他零件六大类。

二、判断题(正确的打√,错误的打×)

1. 工作零件是模具中直接对板料、毛坯进行冲压加工的零件，也是直接保证制件成形的模具零件。　　　　　　　　　　　　　　　　　　　　　　　　（　　）

2. 在压力机的一次行程中完成两道或两道以上冲孔（或落料）的冲模称为复合模。　　　　　　　　　　　　　　　　　　　　　　　　　　　　　　　（　　）

3. 在压力机的一次行程中，能完成两道或两道以上冲压工序的模具称为级进模。　　　　　　　　　　　　　　　　　　　　　　　　　　　　　　　　（　　）

4. 美国模具钢 D2 和日本模具钢 SKD11 相当于中国国内的 Cr12MoV 钢。　（　　）

三、问答题

1. 曲柄压力机由哪些部分组成？
2. 实际生产时，可以怎样来确定凸、凹模材料？
3. 写出五种常见的冲压工艺。

内容二　　课堂实训

任务一　观察冲压模工作过程

1. 实验设备、材料和工具

① J23-12 型曲柄压力机一台。

② 厚度为 1mm 的低碳钢板，剪成条料。

③ 简单模具一套。

④ 内六角扳手、活动扳手、机床自带固定扳手等。

2. 实验内容

① 在压力机上安装好模具，进行冲压。

② 观察冲压工作过程。

3. 实验记录

① 简要说明冲压模的工作过程。

② 说出冲压加工特点。

任务二　认识不同的冲压工序

冲压制件图	包含哪些冲压工序	冲压制件图	包含哪些冲压工序

续表

冲压制件图	包含哪些冲压工序	冲压制件图	包含哪些冲压工序

项目二
冲裁成形及模具设计

**学习内容**

　　本项目主要介绍冲裁成形过程、冲裁件的工艺分析、冲裁模具的工艺设计及结构设计。另外，依托铁芯冲片冲裁模设计典型实例，以实际设计过程为主线，利用填空方式引导训练学生，培养学生具备分析制件工艺性、制订冲裁模具设计工艺方案、模具工艺设计计算、模具结构设计以及绘制模具装配图和零件图等能力。

学习目标

（1）了解冲裁变形过程。
（2）了解影响冲裁件质量的因素，能根据冲裁件质量，分析解决质量缺陷问题。
（3）掌握冲裁模间隙确定、刃口尺寸计算、排样设计、冲裁力计算等设计方法。
（4）掌握中等复杂冲裁模结构设计及合理选用模具零件。

课题一
冲裁成形及模具设计基础

冲裁是利用模具在压力机上使板料相互分离的工序。冲裁主要包括冲孔、落料、切断和切边等工序内容。

一般来说，冲裁工艺主要是指落料与冲孔两大工序。落料是指冲裁后，冲裁封闭曲线以内的部分为制件；冲孔是指冲裁后，冲裁封闭曲线以外的部分为制件。如垫圈制件，中央小孔的冲压为冲孔工序，外轮廓的冲压为落料工序，所以一个简单的垫圈制件是由两个工序复合而成的。

冲裁除可直接在平板毛料上进行外，还可在弯曲、拉深等工序后的半成品制件上进行，作为这些工序的后续工序。因此冲裁工艺是冲压工艺中的一项重要内容，在其中所占的比例也相当大。

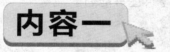 冲裁过程分析

1. 冲裁成形过程分析

图 2-1 所示为冲裁工作示意图。凸模下方与凹模的上方都具有与制件轮廓相同的锋利刃口，且凸模和凹模之间存在间隙。在压力机的作用下，凸模逐渐下行直到接触被冲压板料对其施加压力，使板料发生塑性变形直至产生分离。

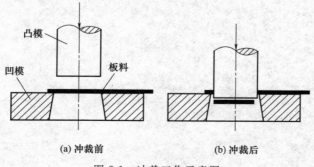

(a) 冲裁前　　　　　　(b) 冲裁后

图 2-1　冲裁工作示意图

当模具凸模、凹模间隙正常时，冲裁过程实际上可分为三个阶段。

（1）弹性变形阶段　如图 2-2（a）所示，当凸模刚刚接触材料的初始阶段时，金属板料即产生弹性压缩与弯曲，此时如果凸模回程，板料即恢复原状。

（2）塑性变形阶段　如图 2-2（b）所示，当凸模继续向下后，变形区的材料硬化加剧，冲裁变形力也不断增大，材料内部的拉应力与弯矩也不断增大，直到刃口附近材料由于拉应力作用出现裂纹为止，这时冲裁变形力也达到了最大值，材料开始破坏，此过程为第二阶段。

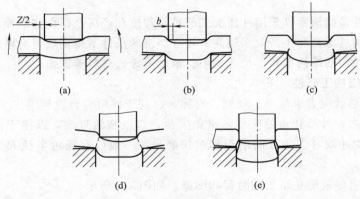

图 2-2　冲裁变形过程

（3）断裂分离阶段　如图 2-2（c）、（d）、（e）所示，当凸模继续下降后，上下裂纹扩大并向材料内延伸，像楔形那样发展，直至裂纹重合，材料便分离，此过程为第三阶段。

总之，冲裁任何材料都要经过弹性变形、塑性变形和断裂分离三个阶段，只是由于材料的性质不同，三种变形所占的时间比例各不相同。

2. 冲裁件断面分析

当冲裁间隙合理时，凹模刃口尺寸产生的剪切裂纹与凸模刃口产生的剪切裂纹能够相互重合。仔细观察冲裁件，可以发现工件断面明显地分成四个特征区，即圆角区（塌角）、光亮带、断裂带和毛刺区，如图 2-3 所示。

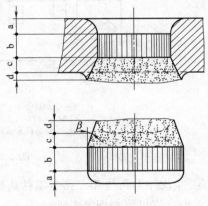

图 2-3　冲裁件断面特征

a—圆角区；b—光亮带；c—断裂带；d—毛刺区

各断面区域的特点与产生原因如表 2-1 所示。

表 2-1　冲裁件断面区域的特点与产生原因

断面区域	位置及特点	产生原因
圆角区（塌角）	上部圆角区域	刃口刚压入材料时，刃口附近的材料被牵连拉入产生弯曲和伸长变形而产生
光亮带	紧挨塌角并与板平面垂直的光亮部分，是最理想的冲裁断面	在塑性变形过程中，凸模或凹模挤压切入材料而形成
断裂带	表面粗糙且带有锥度的部分	刃口处的微裂纹不断扩展撕裂而形成
毛刺区	断裂带周边上形成的不规则撕裂毛边	间隙存在，裂纹产生不在刃尖，毛刺不可避免，凸模继续下行时，使已形成的毛刺拉长并残留在冲裁件上

在正常情况下，在普通冲裁中光亮带占整个断面厚度的 $1/3 \sim 1/2$。板料塑性越好，凸模、凹模之间的间隙越小，光亮带越宽。

冲裁件的工艺分析

冲裁件工艺性是指该零件采用冲压加工的难易程度和经济性。良好的冲裁工艺性是指用普通冲裁方法在模具寿命和生产效率较高、较好经济的条件下得到质量合格的冲裁件。

冲裁件工艺性包括结构形状、尺寸大小、精度等级、材料等方面。

1. 冲裁件的结构工艺性

① 冲裁件的形状应力求简单、规则、对称，以利于材料的合理利用。

② 冲裁件的内、外形转角处应尽量避免尖角，宜以圆角过渡，以便于模具加工，减少热处理开裂，减少冲裁时尖角处的崩刃和过快磨损。一般应有圆角半径 $R > (0.3 - 0.9)\,t$（t 为板料厚度）。

③ 冲裁件上应尽量避免窄长的悬臂和凹槽，如图 2-4 所示。

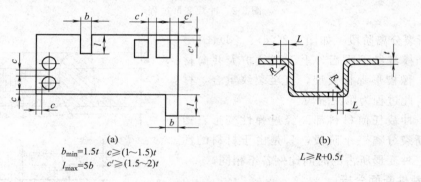

$b_{min}=1.5t$　$c \geqslant (1 \sim 1.5)t$
$l_{max}=5b$　$c' \geqslant (1.5 \sim 2)t$

$L \geqslant R + 0.5t$

图 2-4　冲裁件的结构工艺性

④ 冲裁件上孔与孔、孔与零件边缘之间的距离，受模具强度和零件质量的限制，其值不能太小，许可值如图 2-4 所示。

⑤ 在弯曲件或拉深件上冲孔时，空边与直壁之间应保持一定距离，以避免冲孔时凸模受水平推力而折断，如图 2-4 所示。

⑥ 为保证凸模强度，防止凸模折断或压弯，冲孔的尺寸不应太小，如表 2-2 和表 2-3 所示。

表 2-2　无导向凸模冲孔的最小尺寸

材料	⌀d	b (矩形)	b (窄矩形)	b (长圆形)
钢 $\tau > 685$MPa	$d \geqslant 1.5t$	$b \geqslant 1.35t$	$b \geqslant 1.2t$	$b \geqslant 1.1t$
钢 $\tau \approx 390 \sim 685$MPa	$d \geqslant 1.3t$	$b \geqslant 1.2t$	$b \geqslant 1.0t$	$b \geqslant 0.9t$
钢 $\tau < 390$MPa	$d \geqslant 1.0t$	$b \geqslant 0.9t$	$b \geqslant 0.8t$	$b \geqslant 0.7t$
黄铜	$d \geqslant 0.9t$	$b \geqslant 0.8t$	$b \geqslant 0.7t$	$b \geqslant 0.6t$
铝、锌	$d \geqslant 0.8t$	$b \geqslant 0.7t$	$b \geqslant 0.6t$	$b \geqslant 0.5t$

注：t 为料厚，τ 为抗剪强度。

表 2-3　有导向凸模冲孔的最小尺寸

材料	圆形（直径 d）	矩形（孔宽 b）
硬钢	$0.5t$	$0.4t$
软钢及黄铜	$0.35t$	$0.3t$
铝、锌	$0.3t$	$0.28t$

注：t 为料厚。

2. 冲裁件的精度与断面粗糙度

（1）冲裁件的精度　普通冲裁件的尺寸精度一般为 IT10～IT14 级，未注公差一般取 IT14 级，并且通常要求落料件公差等级最好低于 IT10 级，冲孔件最好低于 IT9 级。非金属材料冲裁件的经济公差等级为 IT14、IT15 级。

（2）冲裁件的断面粗糙度　用普通冲裁方式冲裁厚度为 2mm 以下的金属板料时，其断面粗糙度 Ra 一般可达 12.5～3.2μm。

内容三　冲裁模具的工艺设计

一、排样设计

排样是冲裁件在条料、带料或板料上的布置方法。排样是否合理直接影响到材料的合理利用、冲裁质量、生产效率、模具结构与寿命、生产操作方式与安全等。

在冲裁件成本中，材料费用一般占 60% 以上，故材料的经济利用是一个重要问题。

1. 确定排样方式

按照材料的利用情况，排样方法可分为三种，如图 2-5 所示。

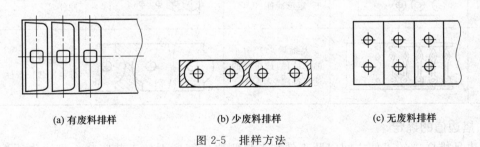

(a) 有废料排样　　　　　(b) 少废料排样　　　　　(c) 无废料排样

图 2-5　排样方法

（1）有废料排样　工件周边都留有搭边，工件的尺寸完全由冲模来保证，故精度高和模具寿命长，但材料利用率低。

（2）少废料排样　工件只有局部搭边和余料，部分外形通过切断或冲裁获得，故工件的质量和精度较低，能节省材料。

（3）无废料排样　工件无任何搭边，所有外形通过切断或冲裁获得，故工件的质量和精度极差，对模具寿命也有影响，但材料利用率高。

按布置方式分，排样又可分为直排、斜排、直对排、斜对排、多排等方式，如表 2-4 所示。

表 2-4 排样形式分类

排样形式	有废料排样		少、无废料排样	
	简图	适用	简图	适用
直排		简单几何形状（圆形、方形、矩形）冲件		矩形或方形冲件
斜排		T形、L形、S形、十字形、椭圆形冲件		L形或其他形状冲件，在外形上允许有不大缺陷
直对排		T形、N形、山形、梯形、三角形、半圆形冲件		T形、N形、山形、梯形、三角形冲件
斜对排		材料利用率比直对排高时的情况		多用于T形冲件
混合排		材料和厚度都相同的两种以上冲件		两个外形相互嵌入的不同冲件（铰链等）
多排		大批量生产中尺寸不大的圆形、六角形、矩形冲件		大批量生产中尺寸不大的方形、六角形、矩形冲件
裁搭边法		大批量生产中小的窄冲件，或带料的连续拉深		以宽度均匀的条料或带料冲裁长形件

2. 搭边值的确定

搭边是排样中的工件之间以及工件与条料侧边之间留下的工艺废料。搭边作用有两个。其一，可以补偿定位误差和剪板误差，保证冲出合格的工件；其二，使条料有一定的刚度，便于送进，提高劳动生产率。

搭边是废料，从节省材料出发，搭边值应越小越好。但过小搭边容易挤进凹模，增加刃口磨损，缩短模具寿命，并且也影响冲裁件的剪切面质量。所以搭边值要合理，通常由经验确定，如表 2-5 所示。

3. 计算材料利用率

材料利用率是指冲裁件的实际面积与所用板料面积的百分比。排样时，在保证工件质量的前提下，要尽量提高材料利用率。

表 2-5　低碳钢搭边 a 和 a_1 的数值

零件类型	圆形件及圆角 $r>2t$		矩形件边长 $l\leqslant 50$		矩形件边长 $l>50$ 或圆角 $r\leqslant 2t$	
简图	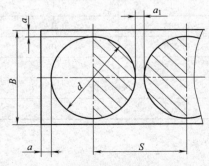					
板料厚度	a_1	a	a_1	a	a_1	a
0.5～0.8	1.0	1.2	1.5	1.8	1.8	2.0
0.8～1.2	0.8	1.0	1.2	1.5	1.5	1.8
1.2～1.6	1.0	1.2	1.5	1.8	1.8	2.0
1.6～2.0	1.2	1.5	1.8	2.5	2.0	2.2
2.0～2.5	1.5	1.8	2.0	2.2	2.2	2.5
2.5～3.0	1.8	2.2	2.2	2.5	2.5	2.8
3.0～3.5	2.2	2.5	2.5	2.8	2.8	3.2
3.5～4.0	2.5	2.8	2.5	3.2	3.2	3.5

一个步距的材料利用率 η 的计算式为

$$\eta=\frac{A}{BS}\times100\%$$

式中　A——一个步距内工件的有效面积，mm^2；

　　　B——条料宽度，mm；

　　　S——步距，mm。

步距与有效面积示意图如图 2-6 所示。

一张板料上总的材料利用率 $\eta_{总}$ 的计算式为

$$\eta_{总}=\frac{nA}{BL}\times100\%$$

式中　n——一张板上冲裁件的总数目；

　　　L——板料长度；

　　　B——板料宽度。

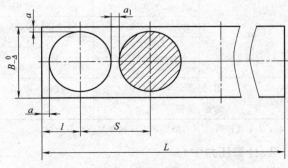

图 2-6　步距与有效面积示意图　　　　图 2-7　排样图

4. 绘制排样图

一张完整的排样图应标注料宽度 B、料长度 L、料厚度 t、端距 l、步距 S、工件间搭边 a_1 和侧搭边 a，并以剖面线表示冲压位置，如图 2-7 所示。

二、冲压力与压力中心计算

冲压力是选择冲压设备的主要依据，也是设计模具所必需的数据。

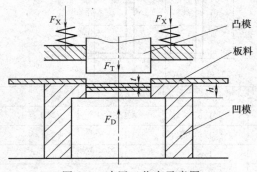

图 2-8　冲压工艺力示意图

1. 计算冲压力，选择压力机

在冲裁过程中，冲压力是冲裁力、卸料力、推件力和顶件力的总称。冲压工艺力示意图如图 2-8 所示。

冲裁力（F_C）是冲裁过程中凸模对板料所施加的压力；卸料力（F_X）是板料经冲裁后，从凸模上刮下材料所需的力；推件力（F_T）是从凹模内向下推出制件或废料所需的力；顶件力（F_D）是从凹模内向上顶出制件所需的力。

平刃冲裁的冲压力计算公式如表 2-6 所示。

考虑到压力机的使用安全，选择压力机的吨位时，总冲压力 F_Z 一般不应超过压力机额定吨位的 80%。

在生产中，当压力机吨位不足时，如果是多个凸模，可将凸模阶梯布置；或采用斜刃冲裁、加热冲裁等措施以降低冲裁力。

表 2-6　冲压力计算公式

类别	计算公式	参数
冲裁力	$F_C = KLt\tau$ 或 $F_C = Lt\sigma_b$	式中　F_C——冲裁力，N
卸料力	$F_X = K_X F_C$	L——冲裁周长，mm
推件力	$F_T = nK_T F_C$	t——制件厚度，mm
顶件力	$F_D = K_D F_C$	τ——材料抗剪强度，MPa
总冲压力	刚性卸料装置：$F_Z = F_C + F_T$	σ_b——抗拉强度
	弹性卸料装置：$F_Z = F_C + F_T + F_X$	K——安全系数，取 1.3
	弹性卸料及顶料装置：$F_Z = F_C + F_D + F_X$	F_X、F_T、F_D——卸料力、推件力、顶件力，N

式中参数说明：n——卡在凹模直壁洞口制件数；F_Z——总冲压力，N；K_X、K_T、K_D——系数，见表 2-7。

表 2-7　K_X、K_T、K_D 之值

材料及厚度/mm		K_X	K_T	K_D
钢	≤0.1	0.065~0.07	0.1	0.14
	>0.1~0.5	0.045~0.055	0.063	0.08
	>0.5~2.5	0.04~0.06	0.055	0.06
	>2.5~6.5	0.03~0.04	0.045	0.05
铝、铝合金		0.025~0.08	0.03~0.07	
紫铜、黄铜		0.02~0.06	0.03~0.09	

注：K_X 在冲多孔、大搭边和工件轮廓复杂时取上值。

2. 计算压力中心

模具压力中心就是冲压力合力的作用点。该中心应尽量与模柄轴线及压力机滑块中心线

重合，否则冲模在工作时就会产生偏弯矩，加速滑块和模具导向部分的磨损，以致影响冲裁件质量，缩短模具寿命。

在实际生产中，由于冲件形状的特殊或排样特殊，压力中心与模柄中心线可能会出现不重合情况，这时应注意使压力中心的偏离不要超出所选压力机的模柄孔投影范围。

（1）简单几何图形模具压力中心位置

① 对称冲件的压力中心，位于冲件轮廓图形的几何中心上，通过作图法可确定。

② 冲裁直线段时，其压力中心位于直线段的中心点。

③ 冲裁圆弧线段时，其压力中心位置如图 2-9 所示，按下式计算：

$$y = (180R\sin\alpha)/(\pi\alpha) = Rs/b$$

式中　b——弧长，mm。

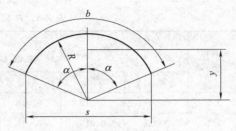

图 2-9　圆弧线段的压力中心

（2）复杂形状零件模具压力中心位置　按步骤：画冲裁件图→建立坐标系→计算各基本线段长度 L_1、L_2、…→计算各基本线段重心到 x 轴、y 轴距离 x_1、x_2、… 及 y_1、y_2、…→根据"合力对某轴之力矩等于各分力对同轴力矩之和"的力学原理求冲模压力中心到 x_0 轴和 y_0 轴的距离。

如图 2-10 所示，计算公式如下：

$$x_0 = \frac{L_1 x_1 + L_2 x_2 + \cdots + L_n x_n}{L_1 + L_2 + \cdots + L_n}$$

$$y_0 = \frac{L_1 y_1 + L_2 y_2 + \cdots + L_n y_n}{L_1 + L_2 + \cdots + L_n}$$

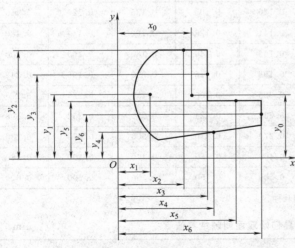

图 2-10　复杂形状零件模具压力中心的计算

对于复杂的冲裁件，除了用上述数学公式计算压力中心外，也可用 AutoCAD、CAXA、UG 等软件完成。用计算机确定冲模压力中心更加准确、高效，大大提高模具设计的速度与质量，熟练设计人员可在 1～2min 内完成。

三、工作零件刃口尺寸计算

1. 冲裁模间隙的确定

冲裁模间隙 Z 是指冲裁模凹模刃口横向尺寸 D_d 与凸模刃口横向尺寸 d_p 的差值，如图 2-11 所示。图中 Z 表示双面间隙，单面间隙用 $Z/2$ 表示。如无特殊说明，模具间隙就是指双面间隙。

$$Z = D_d - d_p$$

式中　D_d——凹模刃口横向尺寸，mm；

　　　d_p——凸模刃口横向尺寸，mm。

冲裁模间隙不仅对冲裁件断面质量和冲裁件的尺寸精度有影响，而且对模具寿命、冲压

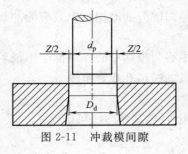

图 2-11　冲裁模间隙

力大小也有影响。在实际生产中，主要根据冲裁件断面质量、尺寸精度、模具寿命三个因素，把间隙选择在一个适当范围内作为合理间隙，这个范围的最小值称为最小合理间隙（Z_{min}），最大值称为最大合理间隙（Z_{max}）。在模具设计和制造新模具时，应采用最小合理间隙。

确定合理间隙值有理论确定法和查表法两种，一般按材料的性能和厚度来选择间隙，如表 2-8 和表 2-9 所示。

表 2-8　冲裁模具初始双面间隙推荐值 Z　　　　　　单位：mm

板料厚度 t	软铝		含碳 0.08%～0.2% 软钢、纯铜、黄铜		含碳 0.3%～0.4% 中等硬钢、杜拉铝		含碳 0.5%～0.6% 硬钢	
	Z_{min}	Z_{max}	Z_{min}	Z_{max}	Z_{min}	Z_{max}	Z_{min}	Z_{max}
0.2	0.008	0.012	0.010	0.014	0.012	0.016	0.014	0.018
0.3	0.012	0.018	0.015	0.021	0.018	0.024	0.021	0.027
0.4	0.016	0.024	0.020	0.028	0.024	0.032	0.028	0.036
0.5	0.020	0.030	0.025	0.035	0.030	0.040	0.035	0.045
0.6	0.024	0.036	0.030	0.042	0.036	0.048	0.042	0.054
0.7	0.028	0.042	0.035	0.049	0.042	0.056	0.049	0.063
0.8	0.032	0.048	0.040	0.056	0.048	0.064	0.056	0.072
0.9	0.036	0.054	0.045	0.063	0.054	0.072	0.063	0.081
1.0	0.040	0.060	0.050	0.070	0.060	0.080	0.070	0.090
1.2	0.050	0.084	0.072	0.096	0.084	0.108	0.096	0.120
1.5	0.075	0.105	0.090	0.120	0.105	0.135	0.120	0.150
1.8	0.090	0.126	0.108	0.144	0.126	0.162	0.144	0.180
2.0	0.100	0.140	0.120	0.160	0.140	0.180	0.160	0.200
2.2	0.132	0.176	0.154	0.198	0.176	0.220	0.198	0.242
2.5	0.150	0.200	0.175	0.225	0.200	0.250	0.225	0.275
2.8	0.168	0.224	0.196	0.252	0.224	0.280	0.252	0.308
3.0	0.180	0.240	0.210	0.270	0.240	0.300	0.270	0.330
4.0	0.280	0.360	0.320	0.400	0.360	0.440	0.400	0.480
5.0	0.350	0.450	0.400	0.500	0.450	0.550	0.500	0.600

注：本表适用于尺寸精度和断面质量要求较高的冲裁件。

表 2-9　冲裁模具初始双面间隙推荐值 Z　　　　　　单位：mm

板料厚度 t	08、10、35、09Mn2、 Q235		Q345		45、50		65Mn	
	Z_{min}	Z_{max}	Z_{min}	Z_{max}	Z_{min}	Z_{max}	Z_{min}	Z_{max}
<0.5	极小间隙							
0.5	0.040	0.060	0.040	0.060	0.040	0.060	0.040	0.060
0.6	0.048	0.072	0.048	0.072	0.048	0.072	0.048	0.072
0.7	0.064	0.092	0.064	0.092	0.064	0.092	0.064	0.092

续表

板料厚度 t	08、10、35、09Mn2、Q235		Q345		45、50		65Mn	
	Z_{min}	Z_{max}	Z_{min}	Z_{max}	Z_{min}	Z_{max}	Z_{min}	Z_{max}
0.8	0.072	0.104	0.072	0.104	0.072	0.104	0.064	0.092
0.9	0.090	0.126	0.090	0.126	0.090	0.126	0.090	0.126
1.0	0.100	0.140	0.100	0.140	0.100	0.140	0.090	0.126
1.2	0.126	0.180	0.132	0.180	0.132	0.180		
1.5	0.132	0.240	0.170	0.240	0.170	0.240		
1.75	0.220	0.320	0.220	0.320	0.220	0.320		
2.0	0.246	0.360	0.260	0.380	0.260	0.380		
2.1	0.260	0.380	0.280	0.400	0.280	0.400		
2.5	0.360	0.500	0.380	0.540	0.380	0.540		
2.75	0.400	0.560	0.420	0.600	0.420	0.600		
3.0	0.460	0.640	0.480	0.660	0.480	0.660		
3.5	0.540	0.740	0.580	0.780	0.580	0.780		
4.0	0.640	0.880	0.680	0.920	0.680	0.920		
4.5	0.720	1.000	0.680	0.960	0.780	1.040		
5.5	0.940	1.280	0.780	1.100	0.980	1.320		

注：1. 本表适用于尺寸精度和断面质量要求不高的冲裁件。

2. 冲裁皮革、石棉和纸板时，间隙值取08钢的25%。

另外，还有经验确定法，在实际生产中，通常在 $(2\% \sim 20\%)t$ 的范围内来选取单面间隙 $Z/2$。

2. 凸模、凹模刃口尺寸计算

（1）凸模、凹模刃口尺寸计算原则

① 落料模，计算以凹模尺寸为基准件，通过减小凸模刃口尺寸来保证合理间隙。

② 冲孔模，计算以凸模尺寸为基准件，通过增大凹模刃口尺寸来保证合理间隙。

③ 由于凸模、凹模在使用过程中存在一定的磨损，新模具冲裁间隙一般选用最小合理间隙值 Z_{min}。

（2）凸模、凹模刃口尺寸的计算方法 制造模具时，保证凸模、凹模之间的合理间隙基本上可以分为如下两类。

① 分别加工法。这种方法适用于圆形、矩形等形状简单规则的冲裁件。此种方法制造周期短，便于成批生产制造，且制造的零件能互换。但为了保证合理间隙，凸模、凹模制造公差小，制造困难，成本较高，单件生产时不经济。

分别加工时凸模、凹模的计算公式如表 2-10 所示。

表 2-10　分别加工时刃口尺寸的计算公式

工序性质	制件尺寸	凹模尺寸	凸模尺寸
落料	$D_{-\Delta}^{\,0}$	$D_d = (D_{max} - x\Delta)_{0}^{+\delta_d}$	$D_p = (D_d - Z_{min})_{-\delta_p}^{0} = (D_{max} - x\Delta - Z_{min})_{-\delta_p}^{0}$
冲孔	$d_{0}^{+\Delta}$	$d_d = (d_{min} + x\Delta)_{-\delta_p}^{0}$	$d_p = (d_d + Z_{min})_{0}^{+\delta_d} = (d_{min} + x\Delta + Z_{min})_{0}^{+\delta_p}$

注：表中，D_p、D_d 为落料凸模、凹模直径；d_p、d_d 为冲孔凸模、凹模直径；D_{max} 为落料件的最大极限尺寸；d_{min} 为冲孔件孔的最小极限尺寸；Δ 为冲裁件制造公差；Z_{max}、Z_{min} 为最大、最小初始双面间隙；x 为磨损系数，其值与冲裁件精度有关（当制件精度为 IT10 以上时，取 $x=1$；当制件精度为 IT11～IT13 时，取 $x=0.75$；当制件精度为 IT14 时，取 $x=0.5$）；δ_p、δ_d 为凸模、凹模的制造公差，mm［按入体原则标注，即凸模按单向负偏差标注，凹模按单向正偏差标注。δ_p、δ_d 可按 IT6、IT7 级来选取，或取（1/6～1/4）Δ］。

由上可见，为了保证初始间隙在合理范围内，凸模、凹模制造公差必须满足 $\delta_p + \delta_d \leqslant Z_{max} - Z_{min}$ 要求，所以模具制造成本相对较高。

② 配作加工法。所谓配作法就是首先按设计尺寸制造出一个基准件（凸模或凹模），然后根据基准件的实际尺寸，按最小合理间隙配作另一个非基准件。

这种方法适用于单件生产或冲制薄料工件、形状复杂的工件。此种方法的特点是模具间隙由配作保证，模具的制造公差较大，容易加工，因而应用较广，但此法制造的各套凸、凹模不能互换。

复杂形状的凸模、凹模磨损之后尺寸变化规律有三种：尺寸增大（A 类尺寸）、尺寸减小（B 类尺寸）和尺寸不变（C 类尺寸），如图 2-12 所示。各类尺寸的计算公式如表 2-11 所示。

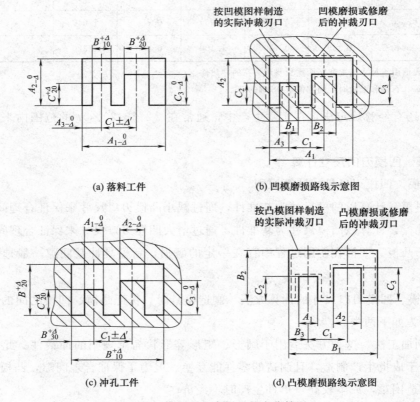

(a) 落料工件　　(b) 凹模磨损路线示意图

(c) 冲孔工件　　(d) 凸模磨损路线示意图

图 2-12　模具刃口磨损后的变化情况

表 2-11 凸模、凹模配合加工时，其工作部分尺寸的计算公式

工序性质	制件尺寸		凸模尺寸	凹模尺寸
落料	$A_{-\Delta}^{\ 0}$		原则：落料只算凹模刃口尺寸，凸模按凹模配作，其双面间隙为 $Z_{\min} \sim Z_{\max}$	$A_{\mathrm{d}} = (A - x\Delta)_{\ 0}^{+0.25\Delta}$
	$B_{\ 0}^{+\Delta}$			$B_{\mathrm{d}} = (B + x\Delta)_{-0.25\Delta}^{\ 0}$
	C	$C_{\ 0}^{+\Delta}$		$C_{\mathrm{d}} = (C + 0.5\Delta) \pm 0.125\Delta$
		$C_{-\Delta}^{\ 0}$		$C_{\mathrm{d}} = (C - 0.5\Delta) \pm 0.125\Delta$
		$C \pm \Delta'$		$C_{\mathrm{d}} = C \pm 0.125\Delta$
冲孔	$A_{\ 0}^{+\Delta}$		$A_{\mathrm{p}} = (A + x\Delta)_{\ 0}^{+0.25\Delta}$	原则：冲孔只算凸模刃口尺寸，凹模按凸模配作，其双面间隙为 $Z_{\min} \sim Z_{\max}$
	$B_{-\Delta}^{\ 0}$		$B_{\mathrm{p}} = (B - x\Delta)_{-0.25\Delta}^{\ 0}$	
	C	$C_{\ 0}^{+\Delta}$	$C_{\mathrm{p}} = (C + 0.5\Delta) \pm 0.125\Delta$	
		$C_{-\Delta}^{\ 0}$	$C_{\mathrm{p}} = (C - 0.5\Delta) \pm 0.125\Delta$	
		$C \pm \Delta'$	$C_{\mathrm{p}} = C \pm 0.125\Delta$	

注：表中，A_{p}、B_{p}、C_{p} 为凸模刃口尺寸，mm；A_{d}、B_{d}、C_{d} 为凹模刃口尺寸，mm；A、B、C 为工件基本尺寸，mm；Δ 为工件公差，mm；Δ' 为工件偏差，mm，对称偏差时，$\Delta' = 0.5\Delta$；x 为磨损系数。

内容四 冲裁模具的结构设计

一、模具结构的基本组成

冲裁模的类型虽然很多，但是任何一副冲裁模都由上模和下模两个部分组成。上模通过模柄或上模固定在压力机的滑块上，是冲模的活动部分；下模通过下模座固定在压力机的工作台或垫板上，是冲模的固定部分。

模具结构的设计，实际上是模架、工作零件、四大装置（包括定位装置、卸料装置、推件装置、顶件装置）这几个单元按设计要求进行不同的组合。下面先介绍"四大装置"。

1. 定位装置（或定位零件）

定位的作用是控制坯料或工序件在模具中的正确位置，包括方向的控制、步距的控制和工序件的定位。常用的定位结构形式有下面几种类型。

（1）送料方向的控制

① 导料板。导料板设置于条料两侧，有两种类型：一种与卸料板制成一体，另一种与卸料板分开制造，如图 2-13 所示。

导料板的厚度 H 与冲件材料厚度有关，一般取 $6 \sim 12\mathrm{mm}$，具体查阅设计手册。

导料板之间距离 B_2 由下列公式计算：

$$B_2 = B + C_1$$

式中 B——条料宽度，mm；

C_1——条料与导料板之间间隙，在 $0.5 \sim 1\mathrm{mm}$ 之间。

② 导料销。用导料销控制送料方向时，一般要设两个销，并位于条料同一侧。可设在凹模面上（一般为固定式），也可设在弹压卸料板上（一般为活动式），如图 2-14 所示。

（2）送进步距的控制

挡料销 可分为固定式挡料销和活动式挡料销两种，如图 2-15 所示。

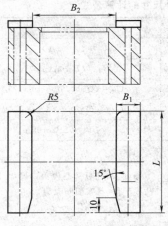

图 2-13　导料板常见结构

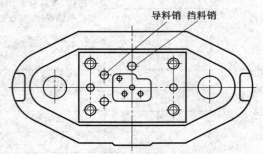

图 2-14　导料销的应用

固定式挡料销常用于中小型制件的模具中，结构简单，但销孔与凹模型孔距离过近，所以通常设计为钩式，此时要注意防转，故安装麻烦。

活动式挡料销常用于倒装式复合模中，装于卸料板上可以伸缩，通常伸出台面 2～4mm。

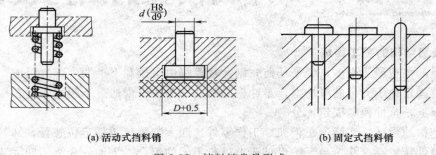

(a) 活动式挡料销　　　　　　　　　　　(b) 固定式挡料销

图 2-15　挡料销常见形式

（3）工序件的定位　对单个坯料或工序件定位，通常用定位销、定位板等。定位板或定位销的定位高度应比坯料或工序件厚度大 1～2mm，如图 2-16 所示。

2. 卸料装置

卸料装置将冲裁后套在凸模或凸凹模上的制件或废料卸料。常用的卸料方式有刚性卸料、弹压卸料和废料切刀卸料三种。其中，废料切刀卸料常用于大中型零件冲裁或成形件切边。

（1）刚性卸料装置　刚性卸料采用的是刚性卸料板，常用于较硬、较厚且精度要求不高的冲件卸料，结构简单，卸料力大。卸料板只起到卸料作用，通常卸料板与凸模的单边间隙取 $(0.1～0.5)t$，结构形式如图 2-17 所示。

（2）弹压卸料装置　弹压卸料装置由卸料板、弹性元件、卸料螺钉等零件组成，常用于厚度小于 1.5mm 的板料。卸料板具有卸料与压料双重作用，故冲件平直度较高。通常卸料板与凸模的单边间隙取 $(0.1～0.2)t$，结构形式如图 2-18 所示。

（3）废料切刀　对于落料或成形件的切边，如冲件尺寸大或板料厚度大，卸料力大，往往采用废料切刀代替卸料板，将废料切开而卸料，如图 2-19 所示。

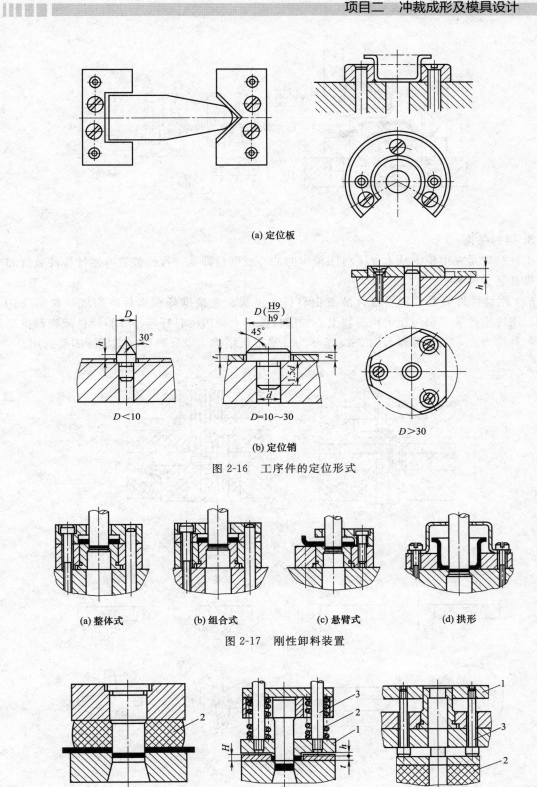

(a) 定位板

$D<10$　　$D=10\sim30$　　$D>30$

(b) 定位销

图 2-16　工序件的定位形式

(a) 整体式　　(b) 组合式　　(c) 悬臂式　　(d) 拱形

图 2-17　刚性卸料装置

图 2-18　弹压卸料装置

1—卸料板；2—弹性元件；3—卸料螺钉

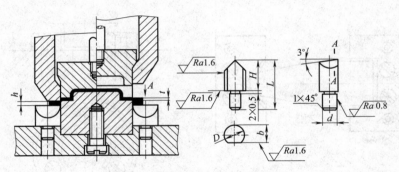

图 2-19　废料切刀及应用

3. 推件装置

推件装置是在上模内从上往下将凹模中的冲件或废料卸下。推件装置有刚性推件装置和弹性推件装置两种。

（1）刚性推件装置　刚性推件装置由打杆、推板、连接推杆和推件块组成，如图 2-20 所示。刚性推件装置利用压力机滑块上方的横杆撞击上模内的打杆与推杆将制件或废料推出凹模，其推力大，工作可靠。图 2-21 所示为标准推板结构，设计时可根据实际需要选用。

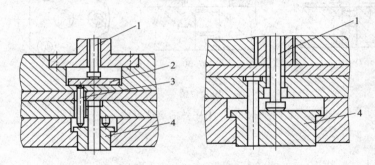

图 2-20　刚性推件装置
1—打杆；2—推板；3—连接推杆；4—推件块

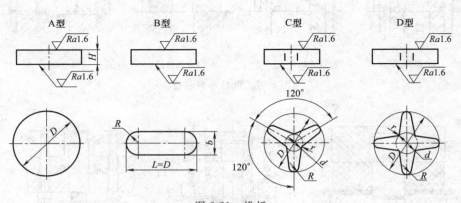

图 2-21　推板

（2）弹性推件装置　弹性推件装置出件平稳无撞击，冲件质量较高，多用于冲压大型薄板以及工件精度要求较高模具。如图 2-22 所示，其结构简单，但由于受弹性元件限制，推件力较小。

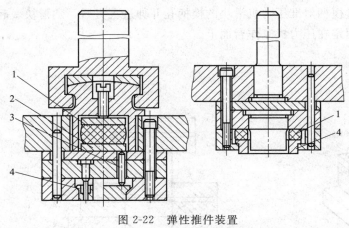

图 2-22 弹性推件装置
1—橡胶；2—推板；3—连接推杆；4—推件块

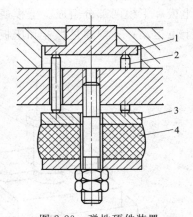

图 2-23 弹性顶件装置
1—顶件块；2—顶杆；3—托板；4—橡胶

4. 顶件装置

顶件装置在下模内从下往上将凹模中的冲件或废料卸下。顶件装置由顶杆、顶件块和弹顶器组成，如图 2-23 所示。

顶件装置对坯料有压料作用，故冲件平直度较高。弹顶器可以通用，常用的弹性元件包括弹簧、橡胶和气垫。

设计时注意：模具闭合时，顶件块和托板背后要有一定空间，以备修磨和调整；模具开启时，顶件块和托板必须顺利复位，且工作表面应高出凹模平面 0.2～0.5mm，以保证可靠顶件。

二、典型冲裁模结构

冲裁模按模具的结构可分为带导向装置和不带导向装置两种。带导向装置的冲裁模又可以分为带导向板导向和带导向柱导向的两种结构。

下面按照冲裁模所完成工序的情况，由简单到复杂分别介绍：属于单工序的落料模、冲孔模，属于多工序的复合冲裁模、连续冲裁模及精冲模。

1. 单工序冲裁模

单工序冲裁模是指在压力机一次行程内只完成一道冲压工序的冲裁模。

（1）不带导向装置的落料模 最简单的落料模由一个凸模和一个凹模组成，如图 2-24 所示。这种模具的凸模直接安装在冲床的滑块上。由于这种模具结构简单，在使用调整定位安装时很不方便，因此只是在生产制件不多且精度要求不高时才采用。

（2）带导向装置的落料模 这种模具结构比较简单，如图 2-25 所示。工作时，凸模沿着固定式导向板上下运动，且始终不离开导板。固定式导板不但起着导向作用，而且在冲裁工作时还起着卸料作用。该模具在使用时比较方便，并且要比无导向的冲模容易调整。冲制的工件质量相对稳定，精度较高。

（3）带导向柱的落料模 带有导向柱的冲模，其凸模、凹模间隙能始终保持均匀一致而不易发生变化，所以冲制的工件质量稳定、精度高、模具寿命长，使用安装方便；但模具轮廓尺寸较大，模具较重，制造成本较高。

导向柱式单工序落料模广泛用于精度要求高、生产批量大、材料厚度较小的冲裁件。

图 2-26 所示为带导柱、导套式导向装置的弹性卸料落料模，采用标准模架，其结构由

上模和下模两部分组成。上模通过模柄对准压力机滑块的模柄孔并伸进去夹紧，随滑块一起上下运动；下模通过螺栓和压板固定在压力机工作台面上。

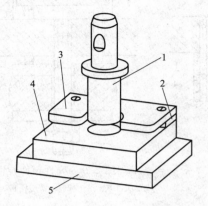

图 2-24 不带导向装置落料模

1—凸模；2—导料板；3—卸料板；

4—凹模；5—下模板

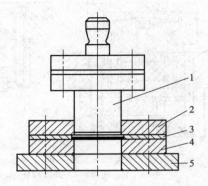

图 2-25 带导向装置落料模

1—凸模；2—导向板；3—板料；

4—凹模；5—下模板

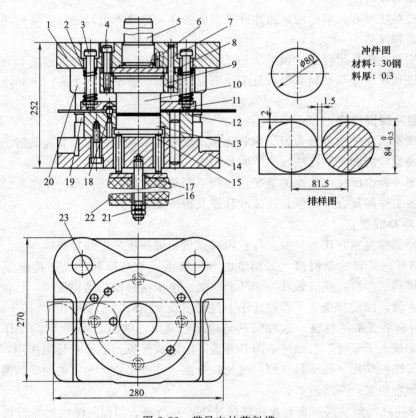

图 2-26 带导向柱落料模

1—上模座；2—卸料弹簧；3—卸料螺钉；4—螺钉；5—模柄；6—防转销；7—销钉；8—垫板；
9—凸模固定板 10—凸模；11—卸料板；12—凹模；13—顶件块；14—下模座；15—顶杆；
16—托板；17—螺栓；18—固定挡料销；19—导柱；20—导套；21—螺母；22—橡胶；23—导料销

2. 复合冲裁模

复合冲裁模是指冲床一次行程施加压力，在模具的同一工位上，同时完成落料、冲孔或其他几个不同冲裁工序的模具。

由于几个工序是在模具的一个工位上同时完成，不受送料重新定位误差的影响，因而有许多优点：制件内外形相对位置尺寸精确；每个制件的尺寸一致、精度高且互换性好；制件平直；合并工序后只使用一套模具，模具结构紧凑，生产效率高；还可以充分利用短料或边角余料。但复合冲裁模结构复杂，制造精度要求高，成本高。

复合冲裁模主要用于生产批量大、位置精度要求高的冲裁件。

复合冲裁模在结构上的主要特征是有一个工作部分外形为落料凸模、内形为冲孔凹模的凸凹模。按照复合冲裁模中落料凹模的安装位置不同，可分为倒装式复合冲裁模和正装式复合冲裁模两种。

（1）倒装式复合冲裁模　如图2-27所示，落料凹模装在上模的复合冲裁模称为倒装式复合冲裁模。倒装式复合冲裁模通常包含有定位装置、卸料装置和刚性推件装置等三套装置。

倒装式复合冲裁模一般适用于冲裁较硬的或厚度大于0.3mm的板料。如果在上模内设置弹性元件，就可用于冲制材质较软的或厚度小于0.3mm且平直度要求较高的冲裁件。

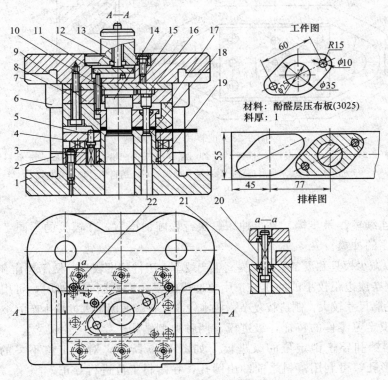

图 2-27　倒装式复合冲裁模

1—下模座；2—导柱；3,20—弹簧；4—卸料板；5—活动挡料销；6—导套；7—上模座；8—凸模固定板；
9—顶件块；10—连接推杆；11—顶板；12—顶杆；13—模柄；14,16—冲孔凸模；15—垫板；
17—落料凹模；18—凸凹模；19—固定板；21—卸料螺钉；22—导料销

（2）正（顺）装式复合冲裁模　如图2-28所示，落料凹模装在下模的复合冲裁模称为正装式复合冲裁模。正装式复合冲裁模通常包含有定位装置、卸料装置、刚性推件装置和顶件装置等四套装置。

　　该模具具有弹顶器与弹性卸料装置，板料在压紧状态下被分离，冲出的冲件平直度较高，所以适合冲制材质较软或板料较薄且平直度要求较高的冲裁件。但模具结构复杂，冲件易被嵌入边料中影响操作。

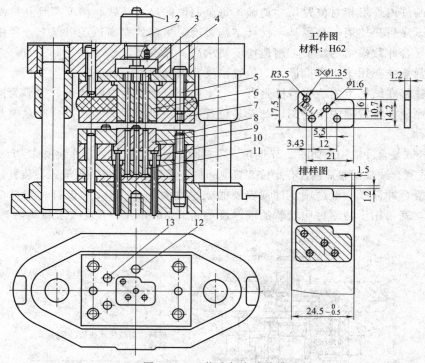

图 2-28　正装式复合冲裁模

1—打杆；2—模柄；3—推板；4—推杆；5—卸料螺钉；6—凸凹模；7—卸料板；8—落料凹模；
9—顶件块；10—带肩顶杆；11—冲孔凸模；12—挡料销；13—导料销

3. 级进模

　　级进模（连续模、跳步模）是指冲床一次行程施加压力，在模具的不同工位上，同时完成多道冲压工序的冲模。

　　级进模可以减少模具和设备数量，提高生产效率，工件精度较高，便于操作和实现生产自动化。对于特别复杂或边距较小的冲压件，用单冲模或复合模冲制有困难时，可用级进模逐步冲出。但级进模轮廓尺寸较大，制造较复杂，成本较高，一般适用于大批量生产的小型冲压件。

　　根据级进模定位零件的特征，级进模有两种典型结构。

　　(1) 用挡料销和导正销定位的级进模　如图 2-29 所示，对于工位不多的级进冲裁模，如工件上有圆形孔，可利用落料之前冲出圆孔，在落料工位进行导正。

　　通常在落料凸模相应位置设置一个导正销，如果冲压件的孔径太小或孔距太小，不适合用导正销定位时，可在条料的废料部分冲出工艺孔，利用装在凸模固定板上的导正销导正。

　　(2) 侧刃定距的级进模　图 2-30 所示为双侧刃定距的冲孔落料级进模，它用来控制条料送进步距的侧刃，代替了始用导料销、挡料销和导正销。

　　在实际生产中，对于精度要求高的冲压件和多工位的级进冲裁，可以采用既有侧刃粗定位又有导正销精定位的级进模。

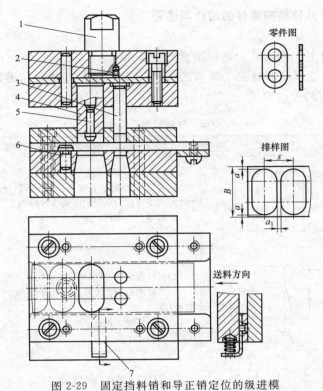

图 2-29　固定挡料销和导正销定位的级进模

1—模柄；2—螺钉；3—冲孔凸模；4—落料凸模；5—导正销；6—固定挡料销；7—始用导料销

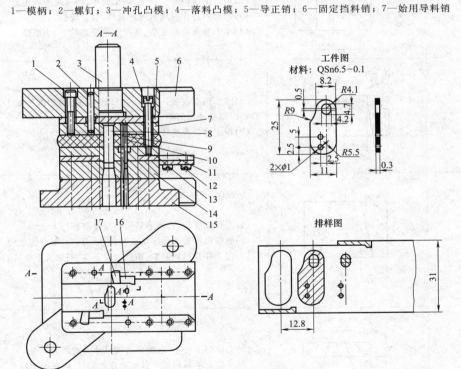

图 2-30　侧刃定距的级进模

1—内六角螺钉；2—销钉；3—模柄；4—卸料螺钉；5—垫板；6—上模座；7—凸模固定板；8～10—凸模；
11—导料板；12—承料板；13—卸料板；14—凹模；15—下模座；16—侧刃；17—侧刃挡块

三、模具工作零件及结构零件的设计与选用

1. 确定凹模

在模具结构设计时，需要首先确定凹模结构及尺寸。

（1）凹模型孔侧壁形状的确定　冲裁凹模的刃口形式有直壁形和锥形两种。表 2-12 所示为参考的冲裁凹模的刃口形式。

表 2-12　冲裁凹模刃口形式

刃口形式	简　图	特点及适用范围
直壁形刃口	（直通式简图）	(1)刃口为直通式，强度高，修磨后刃口尺寸不变 (2)用于冲裁大型或精度要求较高的零件，模具装有反向顶出装置，不适用于下出料的模具
	（带 h、β 角简图）	(1)刃口强度较高，修磨后刃口尺寸不变 (2)凹模内易积存废料或冲裁件，尤其间隙小时刃口直壁部分磨损较快 (3)用于冲裁形状简单的零件
	（带 h、0.5~1 简图）	(1)刃口强度较高，修磨后刃口尺寸不变 (2)刃口下出料孔是直壁，加工简单，但强度不如锥形 (3)凹模内易积存废料或冲裁件，磨损较快 (4)用于冲裁形状复杂、精度要求较高的中、小型件
	（带 20~30°、2~5、1~2、3~5、1°30′ 简图）	(1)凹模硬度较低，一般为 40HRC 左右，可用锤子敲击刃口外侧斜面以调整冲裁间隙 (2)用于冲裁薄而软的金属零件或非金属零件
锥形刃口	（带 α 角简图）	(1)刃口强度较差，修磨后刃口尺寸略有增大 (2)凹模内不易积存废料或冲裁件，刃口内壁磨损较慢 (3)用于冲裁形状简单、精度要求不高、一般为下出料的模具
	（带 h、α、β 简图）	(1)刃口强度较差，修磨后刃口尺寸略有增大 (2)凹模内不易积存废料或冲裁件，刃口内壁磨损较慢 (3)用于冲裁形状较复杂的零件

续表

刃口形式	简图			特点及适用范围	
	材料厚度 t/mm	α /(′)	β/(°)	刃口高度 h/mm	备注
主要参数	<0.5 0.5~1 1~2.5	15	2	≥4 ≥5 ≥6	(1) α 值适用于钳工加工 (2)采用线切割加工时,可取 $\alpha=5'\sim20'$
	2.5~6 >6	30	3	≥8 ≥10	

（2）凹模轮廓尺寸的确定　凹模刃口尺寸已经在前面介绍。在生产中，凹模轮廓尺寸通常根据冲裁的板料厚度和冲件的轮廓尺寸，按经验公式来确定，如图 2-31 所示。

凹模厚度 $\qquad\qquad\qquad H=kb \qquad (\geqslant15mm)$

凹模壁厚 $\qquad\qquad\qquad c=(1.5\sim2)H$

式中　b——凹模刃口的最大尺寸，mm；

　　　k——凹模厚度系数，查表 2-13。

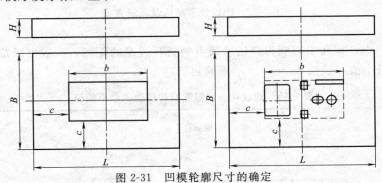

图 2-31　凹模轮廓尺寸的确定

表 2-13　凹模厚度系数 k 值

b/mm	材料厚度 t/mm		
	≤1	1~3	3~6
≤50	0.30~0.40	0.35~0.50	0.45~0.60
50~100	0.20~0.30	0.22~0.35	0.30~0.45
100~200	0.15~0.20	0.18~0.22	0.22~0.30
>200	0.10~0.15	0.12~0.18	0.15~0.22

（3）凹模外形结构及其固定方法　凹模的外形有圆形和板形；结构有整体式和镶拼式，镶拼式一般用在刃口形状比较复杂的情况。凹模固定方法如图 2-32 所示。

（4）凹模板安装尺寸的确定　若凹模为板状结构、尺寸较大，要考虑采用螺钉和销钉直接固定在支撑板上。螺钉通常取内六角螺钉。定位销取圆柱销，且选用直径与螺钉直径相等或小一个规格，一组定位采用两个销钉，在模具内部长度一般是其直径的 2~2.5 倍。螺钉直径根据凹模厚度确定，如表 2-14 所示。

表 2-14　固定螺钉直径与凹模厚度的关系

凹模厚度/mm	<13	>13~19	>19~25	>25~35	>35
螺钉规格	M4、M5	M5、M6	M6、M8	M8、M10	M10、M12

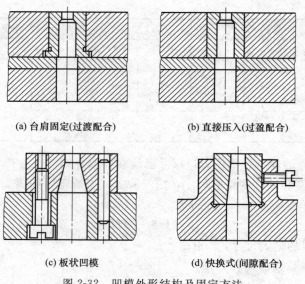

(a) 台肩固定(过渡配合)　　　　(b) 直接压入(过盈配合)

(c) 板状凹模　　　　(d) 快换式(间隙配合)

图 2-32　凹模外形结构及固定方法

在实际生产中，螺孔中心到刃口边缘或者销钉孔边缘的距离，一般可以按照大于或等于 $(1.5\sim2)d$ 取最小值，或按表 2-15 所示来确定。

表 2-15　螺纹孔、销钉孔及刃口边的最小距离　　　　　单位：mm

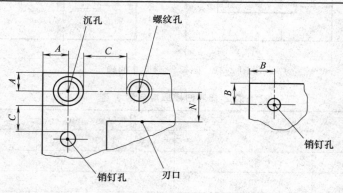

螺钉孔	M6	M8	M10	M12	M16	M20	M24
A	10	12	14	16	20	25	30
B	12	14	17	19	24	28	35
C				5			
销钉孔	$\phi4$	$\phi6$	$\phi8$	$\phi10$	$\phi12$	$\phi16$	$\phi20$
B	7	9	11	12	15	16	20

凹模材料按附录一来选取。

2. 确定凸模

凸模设计的主要内容包括确定凸模材料、确定装配结构、确定凸模长度尺寸。

（1）凸模长度尺寸的确定　凸模长度尺寸应根据模具的具体结构及尺寸确定，同时还应综合考虑修磨、固定板与卸料板之间的安全距离、装配等因素，如图 2-33 所示。

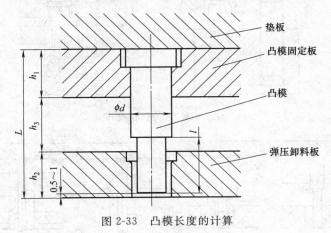

图 2-33　凸模长度的计算

凸模长度 L 计算公式为

$$L = h_1 + h_2 + h_3 - (0.5 \sim 1)$$

式中　h_1——凸模固定板厚度（一般为总长度 L 的三分之一，且 $\geq 1.5d$）；

h_2——卸料板和导料板的总厚度；

h_3——安全距离或弹性元件的装配高度，一般可以取值 $10 \sim 20mm$；

0.5～1——凸模进入凹模型孔的深度尺寸。

（2）凸模结构及其固定方法　凸模的结构形式很多，按截面形状分为圆形和非圆形；按结构分为阶梯式、直通式、镶拼式和带护套式等。固定方法有台肩固定、铆接固定、螺钉和销钉固定及黏结剂浇注固定等，如图 2-34 所示。

凸模材料按附录一选取，一般要求在满足冲压条件下，凸模的长度尺寸越短越好。

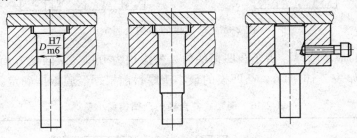

(a) 标准圆形凸模及装配形式

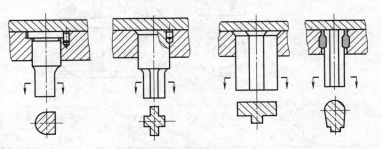

(b) 非圆形凸模及装配形式

图 2-34

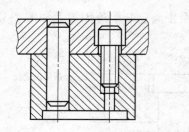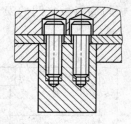

(c) 大中型凸模螺钉吊装固定

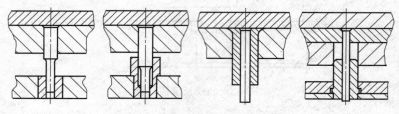

(d) 冲小孔凸模及其装配形式

图 2-34　凸模结构及固定方法

3. 凸凹模

凸凹模是复合模中同时具有落料凸模和冲孔凹模作用的工作零件，其工作的内外缘都是刃口。

（1）凸凹模结构及其固定方法　图 2-35 所示为凸凹模的常见结构及固定形式。

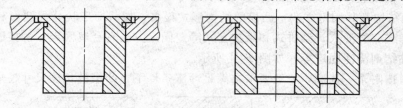

图 2-35　凸凹模的结构及固定

（2）凸凹模的最小壁厚　由于凸凹模的内、外缘均为刃口，从强度方面考虑，其壁厚应受最小值限制。如表 2-16 所示，凸凹模的最小壁厚目前根据经验数据确定。

表 2-16　倒装式复合模的凸凹模最小壁厚　　　　　单位：mm

简图											
材料厚度	0.4	0.6	0.8	1.0	1.2	1.4	1.6	1.8	2.0	2.2	2.5
最小壁厚 δ	1.4	1.8	2.3	2.7	3.2	3.6	4.0	4.4	4.9	5.2	5.8
材料厚度	2.9	3.0	3.2	3.5	3.8	4.0	4.2	4.4	4.6	4.8	5.0
最小壁厚 δ	6.4	6.7	7.1	7.6	8.1	8.5	8.8	9.1	9.4	9.7	10

4. 标准模架的选用

（1）模架的结构与分类　模架一般由标件组成。它包括上模座、下模座、导柱、导套、模柄（大型模具不含模柄）五种标准件。按照导柱不同位置的排列，大致可分为四种，如图 2-36 所示。

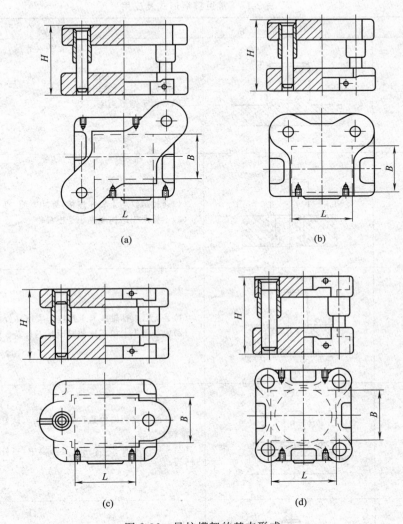

(a)　　　　　　　　(b)

(c)　　　　　　　　(d)

图 2-36　导柱模架的基本形式

（2）标准模架的选用　图 2-36（a）为对角导柱模架。由于导柱安装在模具中心对称的对角线上，所以上模座在导柱上滑动平稳。对角导柱模架常用于横向送料的级进模或纵向送料的落料模、复合模。

图 2-36（b）为后侧导柱模架。它可以三面送料，操作方便，使用较广，但受较大偏心冲压载荷时模架易变形。

图 2-36（c）为中间导柱模架。该模架结构简单，加工方便，但送料适应性差，常用在块料冲压的模具上。当受偏心冲压载荷时，模具易歪斜，滑动不平稳，使用寿命短。

图 2-36（d）为四导柱模架。上下动作平稳，导向准确，用于大型冲压模具。

模架的规格可根据凹模周界尺寸从手册中选取，即手册凹模的外形尺寸 $L_凹 \times B_凹$ 要小于或等于图 2-36 所示的 $L \times B$ 尺寸。

（3）模柄 中小型模具一般通过模柄将上模与压力机固定连接。对模柄基本要求有两点：一是要与压力机滑块上的模柄孔正确配合，安装可靠；二是要与上模正确可靠连接。常见模柄形式及应用如表 2-17 所示。

表 2-17 常见模柄形式及应用

结构形式	简　图	特点及应用场合
一体式模柄	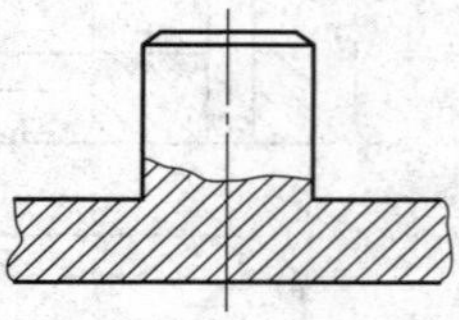	(1)结构简单,但通用性差 (2)常用于圆形模座
旋入式模柄	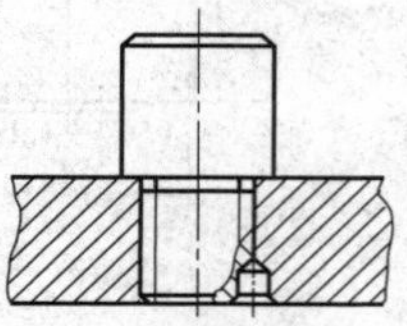	(1)通过螺纹与上模座连接,拆卸方便,可以互换使用 (2)主要用于结构紧凑小型模具中
压入式模柄	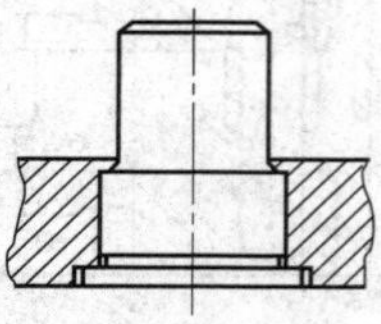	(1)装配后模柄轴线与上模座垂直度比旋入式好 (2)主要用于上模座比较厚而且不是复合模的情况
凸缘式模柄	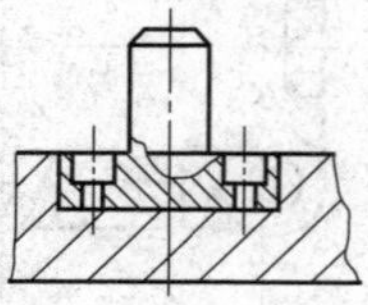	(1)装配后模柄的垂直度远不如压入式好,且与上模座平行度较差 (2)一般中间有孔,常用于复合模中,打杆从模柄中通过,进行打料
浮动式模柄	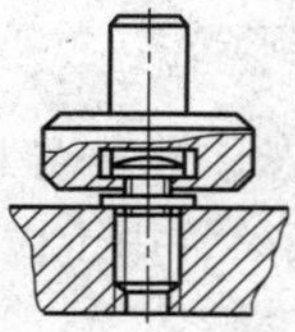	(1)可以消除压力机导向误差对模具导向精度的影响 (2)允许模柄在工作过程中产生少许倾斜

5. 其他结构零件的设计与选用

冲裁模其他结构零件包括卸料板、固定板、垫板等。卸料板、固定板及垫板长宽尺寸一般与凹模板尺寸相同，厚度尺寸也以凹模厚度为基准，确定后与国家标准进行校核，尽量选取标准值。模具各板高度关系如图 2-37 所示。

模具各结构零件材料见表 1-3 选取。

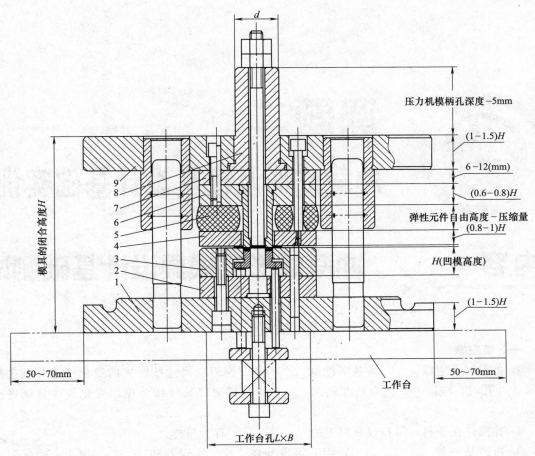

图 2-37　模具总体设计尺寸图

1—下模座板；2—下凸模固定板；3—凹模；4—卸料板；5—弹性元件；

6—上凸模固定板；7—垫板；8—模柄；9—上模座板

课题二
冲裁成形及模具设计基础实训

内容一　冲裁成形及模具设计基础测试

测 试 题 一

一、填空题

1. 落料时，应以_____为基准配制_____，凹模刃口尺寸按磨损的变化规律分别进行计算；冲孔时，应以_____为基准配制_____，凸模刃口尺寸按磨损的变化规律分别进行计算。

2. 冲裁件在条料、带料或板料上的_____称为排样。

3. 搭边是一种_____，但它可以补偿_____误差和_____误差，确保制件合格；搭边还可_____，提高生产效率；此外还可避免冲裁时条料边缘的毛刺被_____，从而提高模具寿命。

4. 条料在送进方向上的_____距离称为步距。

5. 弹压卸料板既起_____作用，又起_____作用，所得的冲裁件质量较好，平直度较_____，因此，质量要求较高的冲裁件或_____宜用弹压卸料装置。

6. 配制加工法就是首先按_____加工一个基准件（凸模或凹模），然后根据基准件的_____按间隙配作另一件。

7. 材料的利用率是指_____面积与_____面积之比，它是衡量合理利用材料的指标。

8. 手工送料，有侧压装置的搭边值可以_____，刚性卸料的比弹性卸料的搭边值_____。

9. 从凸模或凹模上卸下的废料或冲件所需的力称为_____，将凹模内的废料或冲件顺冲裁方向推出所需的力称为_____，逆冲裁方向将冲件从凹模内顶出所需的力称为_____。

10. 凸模的固定方式有_____、_____、_____、_____和_____等。

11. 直刃壁孔口凹模，其特点是刃口强度_____，修磨后刃口尺寸_____，制造_____。但是在废料或冲件向下推出的模具结构中，废料会积存在_____，凹模胀力

_____，刃壁磨损快，且每次修磨量_____。

二、判断题（正确的打√，错误的打×）

1. 对配作的凸模、凹模，其工作图无需标注尺寸及公差，只需说明配作间隙值。
　　　　　　　　　　　　　　　　　　　　　　　　　　　　　　（　　）

2. 凸模较大时，一般需要加垫板；凸模较小时，一般不需要加垫板。　（　　）

3. 无模柄的冲模，可以不考虑压力中心的问题。　　　　　　　　　（　　）

4. 模具的压力中心就是冲压件的重心。　　　　　　　　　　　　　（　　）

三、选择题（将正确的答案序号填到题目的空格处）

1. 落料时，其刃口尺寸计算原则是先确定____。

A. 凹模刃口尺寸　　　　B. 凸模刃口尺寸　　　　C. 凸模、凹模尺寸公差

2. 为使冲裁过程的顺利进行，将梗塞在凹模内的冲件或废料顺冲裁方向从凹模孔中推出，所需要的力称为____。

A. 推料力　　　　　　　B. 卸料力　　　　　　　C. 顶件力

3. 模具的压力中心就是冲压力____的作用点。

A. 最大分力　　　　　　B. 最小分力　　　　　　C. 合力

4. 中小型模具的上模是通过____固定在压力机滑块上的。

A. 导板　　　　　　　　B. 模柄　　　　　　　　C. 上模座

5. 凸模与凸模固定板之间采用____配合，装配后将凸模端面与固定板一起磨平。

A. H7/h6　　　　　　　B. H7/r6　　　　　　　C. H7/m6

6. 对 T 形件，为提高材料的利用率，应采用____。

A. 多排　　　　　　　　B. 直对排　　　　　　　C. 斜对排

7. 如果模具的压力中心不通过滑块的中心线，则冲压时滑块会承受偏心载荷，导致导轨和模具导向部分零件____。

A. 正常磨损　　　　　　B. 非正常磨损　　　　　C. 初期磨损

8. 弹性卸料装置除起卸料作用外，还有____的作用。

A. 卸料力大　　　　　　B. 平直度低　　　　　　C. 压料

9. 能进行三个方向送料，操作方便的模架结构是____。

A. 对角导柱模架　　　　B. 后侧导柱模架　　　　C. 中间导柱模架

10. 中间导柱模架，只能____向送料，一般用于____。

A. 级进模　　　　　　　B. 单工序模或复合模　　C. 纵　　　D. 横

四、问答题

1. 什么是搭边？搭边有什么作用？

2. 凸模垫板的作用是什么？如何正确地设计垫板？

3. 常用的卸料装置有哪几种？在使用上有何区别？

五、看图回答问题

■ 模具类型（见图 2-38）：_____。

■ 写出零件名称

1：_____；2：_____；4：_____；5：_____；8：_____；

10：_____；11：_____；12：_____；13：_____；14：_____；

15：_____；16：_____；17：_____；18：_____。

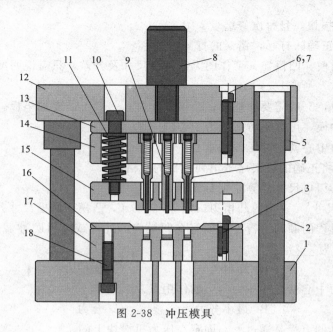

图 2-38　冲压模具

■ 导向零件包括_____、_____。

■ 工作零件包括_____、_____。

■ 支撑零件包括_____、_____、_____、_____、_____。

测 试 题 二

一、填空题

1. 复合模的特点是生产率高，冲裁件的内孔与外形的_____，板料的定位精度高，冲模的外形尺寸_____，但复合模结构复杂，制造精度高，成本高。所以一般用于生产_____、_____的冲裁件。

2. 复合模的凸凹模壁厚最小值与冲模结构有关，顺装式复合模的凸凹模壁厚可_____些，倒装式复合模的凸凹模壁厚应_____些。

3. 在压力机的一次行程中，在模具的_____，完成_____的冲压工序的模具，称为复合模。

4. 复合模在结构上的主要特征是有_____的凸凹模。

5. 按照落料凹模的位置不同，复合模分为_____和_____两种。凸凹模在_____，落料凹模在_____的复合模称为顺装式复合模。

二、判断题（正确的打√，错误的打×）

1. 凡是有凸凹模的模具就是复合模。　　　　　　　　　　　　　　　　　（　　）

2. 在冲孔落料复合模中，落料凸模装在下模上，称为倒装式复合模。（　　）

3. 在压力机的一次行程中完成两道或两道以上冲孔（或落料）的冲模称为复合模。

（　　）

三、选择题（将正确的答案序号填到题目的空格处）

1. 中间导柱模架，只能____向送料，一般用于____。

A. 级进模　　　　　　　B. 单工序模或复合模　　　C. 纵　　　D. 横

2. 能进行三个方向送料，操作方便的模架结构是____。

A. 对角导柱模架　　B. 后侧导柱模架　　C. 中间导柱模架

四、填表，比较级进模和复合模的特点

类　型	冲件精度	冲件平整度	生　产　率	实现自动化的可能性
复合模				
级进模				

五、看图回答问题

1. 看图 2-39 写出下列零件号所指零件名称。

2—　　　　　　　6—　　　　　　　11—

8—　　　　　　　12—　　　　　　　13—

2. 写出"三套卸料、出件装置"所组成零件号及名称。

■ 卸料装置：

■ 推件装置：

■ 顶件装置：

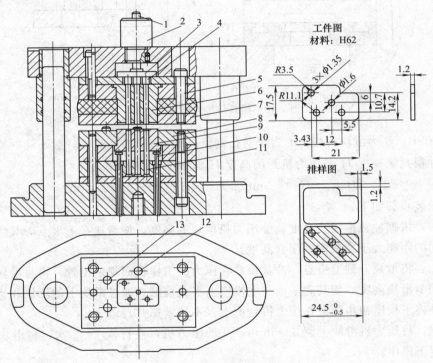

图 2-39　正装式复合模

　课堂实训

任务一　压力机上安装冲裁模，试冲压

1. 实验设备、材料和工具

① J23-12 型曲柄压力机一台。

② 厚度为 1mm 的低碳钢板，剪成条料。

③ 冲裁模具一套。

④ 内六角扳手、活动扳手、机床自带固定扳手等。

2. 实验内容

（1）模具安装　模具与压力机关系如图 2-40 所示。

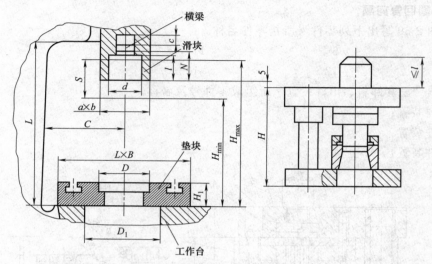

图 2-40　模具与压力机相关尺寸

图 2-40 中：S 为滑块行程；d 为模柄孔直径；H_1 为垫板厚度，一般不能拆掉垫板使用压力机。冲模封闭高度 H 与压力机封闭高度 H_{max} 和 H_{min} 的关系是

$$(H_{max}-H_1)-5\text{mm}\geqslant H\geqslant(H_{min}-H_1)+10\text{mm}$$

模具安装步骤如下。

步骤一：根据冲裁模闭合高度调整压力机滑块的高度，使滑块在下极点时其底平面与工作台面之间的距离大于冲裁模的闭合高度。

步骤二：将滑块升到上极点，冲裁模放在压力机工作台面规定位置，再将滑块停在下极点，然后调节滑块高度，使其底平面与上模座上平面接触。通过滑块上的压块和螺钉将模柄固定住，并将下模座初步固定在压力机台面上（不拧紧螺钉）。

步骤三：将压力机滑块上调 3～5mm，开动压力机，空行程 1～2 次，将滑块停于下极限点，固定下模座。

步骤四：进行试冲，并逐步调整滑块到所需的高度。如上模有推杆，则应将压力机上的制动螺钉调整到需要的高度。

（2）安全操作注意事项

① 不允许脱离工作台进行模具安装，避免砸伤脚。

② 要保证模具零件安装顺序正确，必要时模具只允许用铜棒敲击。

③ 冲压操作时不允许把手伸入上下模工作区间。从模具中取出卡在里面的制件或者废件时，要使用工具，禁止用手去处理。

3. 实验记录

① 说明安装调整冲裁模的步骤。

② 观察冲裁件断面，指出断面不同的区域。

③ 试分析在试模时，产生图 2-41 所示冲裁件断面的原因。

任务二 分析冲裁件的工艺性

1. 实验设备、材料和工具

① 冲裁件零件图。

② 冲压工艺手册。

2. 实验内容

分析图 2-42 所示冲裁件工艺性。材料为 10 钢，材料厚度 t 为 1mm，年产量 20 万件。

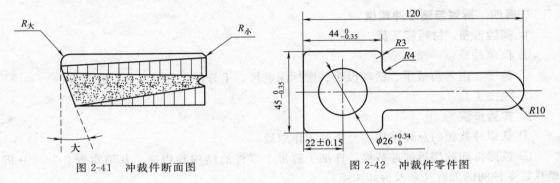

图 2-41　冲裁件断面图　　　　　图 2-42　冲裁件零件图

提示：冲裁件的工艺性要从材料性能、结构形状、尺寸大小、加工精度要求等方面进行分析。

3. 实验记录（见表 2-18）

表 2-18　实验记录表

工艺性分析项目	分 析 记 录	冲 裁 件 零 件
材料性能		
精度最高的尺寸		
最小孔边距		
冲裁工艺性能		

任务三 选用压力机

1. 实验设备、材料和工具

① 冲裁件零件图。

② 冲压手册、计算工具。

2. 实验步骤

① 计算图 2-42 所示冲裁件所需的冲裁力、卸料力、推件力和顶件力。

② 查阅冲压手册，选择合适的压力机。

3. 实验记录（见表 2-19）

表 2-19 实验记录表

项 目	是否具有/数值	依 据
冲裁力		
推件力		
顶件力		
卸料力		
总的冲裁力		
选用压力机型号		

任务四 拆装与测绘冲裁模

1. 实验设备、材料和工具

① 简单冲裁模一至两套。

② 锤子、内六角扳手、活动扳手、游标深度尺、千分尺、百分尺、百分表等。

③ 绘图工具。

2. 实验步骤

① 认识冲裁模的总体结构，分析其工作原理。

② 按照拆卸顺序拆卸冲裁模，详细了解每个零件的结构和用途，并填写表 2-20，分析模具各零件间的配合关系及拆卸关系。

表 2-20 实验记录表

序号	零件名称	数量	用 途

③ 绘制模具装配图以及凸模、凹模等一些主要模具零件图。

④ 将冲裁模重新组装好。

3. 实验记录

① 分析冲裁模的工作原理及冲裁模中各零件的作用。

② 绘制模具装配图以及工作部分零件图。

课题三

典型冲裁模具设计实训

【实训内容】

本课题依托铁芯冲片冲裁模设计实例，以实际设计过程为主线，利用填空方式引导训练学生，培养学生具备分析制件工艺性、制订冲裁模具设计工艺方案、模具工艺设计计算、模具结构设计以及绘制模具装配图和零件图等能力。

【技能目标】

(1) 能正确分析冲裁件的工艺性。
(2) 能正确计算冲裁模凸凹模刃口尺寸。
(3) 能合理确定冲裁件的排样方式。
(4) 能进行中等复杂冲裁模结构设计及合理设计与选用模具零件。

内容一　冲裁模具设计步骤及评价

一、设计步骤

图 2-43 所示为冷冲压模具从开始设计到加工的流程示意图。

从图中可看出，一个模具工程师从接受任务到完成任务进入模具加工阶段，需要有以下五个步骤。

(1) 冲压件工艺分析

① 审查制件是否具备冲压工艺性（包括结构工艺、尺寸精度、材料工艺分析等）。

② 审核制件冲压经济性。

(2) 制订工艺方案

① 制订冲压方案。

② 确定冲压类型和结构形式。

(3) 冲裁模工艺设计

① 排样设计（包括确定排样方式、确定

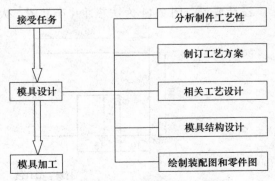

图 2-43　冷冲压模具的设计步骤

带料宽度、计算材料利用率、绘制排样图等）。

② 冲压力与压力中心计算（包括计算冲压力、选择压力机、计算压力中心等）。

③ 工作零件刃口尺寸计算（包括确定凸模、凹模间隙，计算刃口尺寸等）。

（4）冲裁模结构零件设计

① 工作零件设计（包括凹模、凸模、凸凹模外形及尺寸设计）。

② 其他零件设计（包括模架、模柄的选用，垫板、固定板外形及尺寸设计，弹性元件的确定等）。

（5）绘制冲裁模装配图和零件图

二、评价标准

冲裁模具设计实训成绩考核由学生互评加老师评价综合而成，考核项目如表 2-21 所示。

表 2-21　冲裁模具设计实训项目评价标准一览表

步骤	设　计　过　程		分值/分
1	冲压件工艺分析		10
2	制订模具工艺方案		10
3	模具工艺设计计算	排样设计	10
		冲压力计算及压力机选用	5
		压力中心计算	5
		工作零件刃口尺寸计算	15
4	模具结构设计	工作零件结构设计	15
		其他零件结构设计	10
5	绘制模具装配图和零件图		20
合计			100

内容二　典型冲裁模具设计实训

一、设计项目及要求

设计题目：铁芯冲片。

设计要求：图 2-44 为铁芯冲片产品图，大批量生产。试进行模具设计。

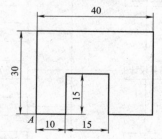

材料：D41钢　料厚：0.5mm

图 2-44　铁芯冲片产品图

二、设计实训过程

（一）铁芯冲片的工艺分析

1. 结构工艺分析

2. 尺寸精度分析

要求：查出未注公差，并标在图 2-44 上。

3. 材料分析

分析最终结论：

（二）铁芯冲片工艺方案

1. 模具类型：_____（单工序模、复合模、级进模或冲裁模、弯曲模、拉深模）

■ 分析原因：

2. 进料方式：_____

■ 分析原因：

3. 材料定位方式：_____（定位板定位、定位销定位等）

■ 分析原因：

4. 卸料方式：_____（弹性卸料、刚性卸料等）

■ 分析原因：

5. 定距方式：_____（挡料销定距、侧刃定距等）
■ 分析原因：

6. 出件方式：_____（上出件、下出件）
■ 分析原因：

7. 模架的类型：_____（中间导柱、对角导柱、后侧导柱、四导柱等）
■ 分析原因：

（三）模具工艺设计

1. 排样设计

（1）排样方式：_____。
■ 分析原因：

（2）搭边值的确定及条件宽度计算。

① 搭边值。

■ 制件与条料边缘间余料：_____

■ 制件与制件间余料：_____

② 条料宽度值 B 的计算。

■ 计算：

③ 条件利用率 η 的计算。

■ 一个步距内条料利用率的计算：

④ 绘制铁芯冲片排样图并标注出尺寸。

2. 计算冲压力,确定压力机

(1) 冲压力的计算。

卸料力系数 $K_卸=$ ____;推件力系数 $K_推=$ ____;顶件力系数 $K_顶=$ ____。

安全系数:$K=$ ____。

冲裁件周长:$L(mm)=$ _____。

抗剪强度:$\tau_b(MPa)=$ _____。

类　　别	计　算　过　程	结　　果
冲裁力	$F=KLt\tau_b$	(kN)
卸料力	$F_卸=K_卸F$	(kN)
推件力或 顶件力	$F_推=K_推F$ 或 $F_顶=K_顶F$	(kN)
总冲压力		(kN)

(2) 压力机的选择。

■ 压力机型号:_____。

■ 压力机主要参数:

公称压力:_____ t。

滑块行程:_____ mm。

最大封闭高度:_____ mm。

最大封闭高度调节量:_____ mm。

工作台尺寸:_____ mm。

模柄孔尺寸:_____。

3. 以 A 点为坐标系原点,计算出铁芯冲片的压力中心

■ $X=$

■ $Y=$

■ 绘制铁芯冲片压力中心简图:

4. 计算铁芯冲片刃口尺寸

(1) 查表确定上面冲裁件的冲裁间隙:

$Z_{max}=$ 　　　　　　　　$Z_{min}=$

(2) 凸、凹模配合加工时,计算出上述冲裁件的工作部分尺寸,并填写下表。

工件尺寸	40	30	10	15(水平)	15(垂直)
公差值 △					
δ_p					
δ_d					
磨损系数 x					
凸模计算公式					
凸模尺寸					
凹模计算公式					
凹模尺寸					

■ 计算过程：

（四）模具结构设计

1. 凹模材料：_____

2. 冲裁凹模型孔侧壁形状及刃口高度尺寸

■ 侧孔壁形式：_____。

■ 侧孔壁形式简图：

■ 刃口高度尺寸：$h =$ _____。

3. 凹模外形尺寸：_____ mm× _____ mm× _____ mm

■ 凹模外形简图：

■ 凹模板厚度尺寸：

计算：$H =$ 取 $H =$

■ 确定凹模周界尺寸：$L \times B$

凹模壁厚尺寸：$C =$ 取 $C =$

凹模外形长度：$L =$ 取 $L =$

凹模外形宽度：$B =$ 取 $B =$

4. 确定凹模板上型孔、螺钉孔、销钉孔的尺寸及位置

	凹模板上螺钉	凹模板上销钉
公称直径		
数量		

■ 画出螺钉、销钉孔位置简图：

5. 凸模固定板设计

凸模固定板材料	凸模固定板外形尺寸	凸模固定板厚度

■ 画出凸模固定板草图并标出尺寸：

6. 垫板设计

垫板材料	垫板外形尺寸	垫板厚度

■ 画出垫板草图并标出尺寸：

7. 卸料板设计

卸料板材料	卸料板外形尺寸	卸料板厚度

■ 画出卸料板草图并标出尺寸：

8. 凸模设计

凸模材料	凸模长度尺寸	凸模结构形式

注：凸模长度确定公式为

$$L = h_1 + h_2 + (0.5 \sim 1) + (10 \sim 20)$$

■ 画出凸模草图并标出尺寸：

9. 选择模架

■ 模架类型：＿＿＿＿＿＿＿（中间导柱、对角导柱、后侧导柱、四导柱等）

选择原因：

■ 模架规格标记：＿＿＿＿＿＿＿＿＿＿＿＿＿＿＿＿

10. 选择模柄

■ 模柄类型：＿＿＿＿＿＿＿（凸缘式、压入式、旋入式、浮动式等）

选择原因：

■ 画出模柄简图并标出主要尺寸：

（五）画出模具装配图草图

项目三
弯曲成形及模具设计

学习内容

    本项目主要介绍弯曲成形过程、弯曲件的工艺分析、弯曲模具的工艺设计及结构设计。依托 U 形件弯曲模设计典型实例，以实际设计过程为主线，利用填空方式引导训练学生，培养学生具备分析制件工艺性、制订弯曲模具设计工艺方案、模具工艺设计计算、模具结构设计以及绘制模具装配图和零件图等能力。

学习目标

（1）了解弯曲变形过程及其特点。
（2）了解影响弯曲件质量的因素，能根据弯曲件质量，分析解决质量缺陷问题。
（3）掌握弯曲工艺计算方法、工艺方案制订方法。
（4）掌握典型弯曲模的结构设计及合理选用模具零件。

课题一

弯曲成形及模具设计基础

弯曲是将板料、型材、管材或棒料等按设计要求弯成一定的角度和一定曲率，形成所需形状零件的冲压工序，是塑性成形工序的主要工序类型之一，如 V 形件、U 形件等。弯曲的方法很多，可以在压力机上利用模具弯曲，也可以在专用弯曲机上进行折弯、滚弯或拉弯等，如图 3-1 所示。

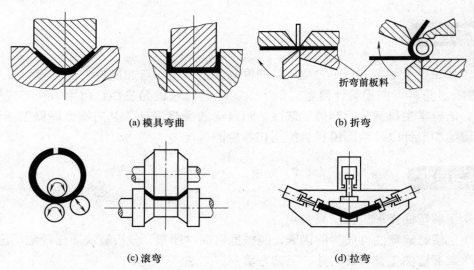

(a) 模具弯曲   (b) 折弯

(c) 滚弯   (d) 拉弯

图 3-1　弯曲成形方法

 　弯曲变形过程分析

1. 弯曲变形过程

弯曲变形过程一般分为三个阶段，V 形件是最简单的弯曲件，其过程如图 3-2 所示。

（1）弹性弯曲阶段　在弯曲的开始阶段，内应力值小于材料的屈服点 σ_s，仅在毛坯内部引起弹性变形，板料的弯曲内侧半径大于凸模圆角半径，此时称为弹性弯曲变形阶段，如图

3-2（a）所示。

（2）弹-塑性弯曲阶段 弯曲力矩增大，板料弯曲变形增大，板料内、外层金属表面所受应力先达到屈服点 σ_s，板料开始由弹性变形阶段转入塑性变形阶段，这一阶段称为弹-塑性弯曲变形阶段，如图 3-2（b）、（c）所示。

（3）纯塑性弯曲阶段 弯曲力矩继续增大，塑性变形由表向里扩展，最后使整个断面进入塑性状态，板料与凸凹模贴紧，这时称为纯塑性弯曲变形阶段，如图 3-2（d）所示。

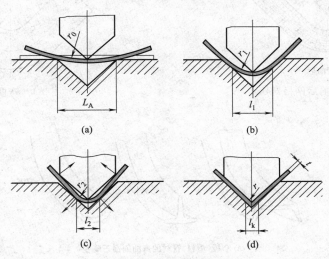

图 3-2 V形件的弯曲过程

2. 弯曲变形特点

如图 3-3 所示，从弯曲前后网格对比可看出弯曲变形具有如下特点。

（1）内层长度变短 在变形区内，内区（靠凸模一侧）切向受压而缩短（$\overset{\frown}{aa} < \overline{aa}$）。

（2）外层长度变长 在变形区内，外区（靠凹模一侧）切向受压而缩短（$\overset{\frown}{bb} > \overline{bb}$）。

（3）中性层长度不变 内区和外区之间必有一层金属和长度在变形前后保持不变（$\overset{\frown}{oo} = \overline{oo}$），称为中性层。该层并非板料厚度的中间位置，而是受力为零的一个特殊层面。其曲率半径为 ρ（见图 3-4），ρ 是计算弯曲毛坯展开尺寸的依据。ρ 计算式为

$$\rho = r + xt$$

式中 r——零件的内弯半径；

　　　t——材料厚度；

　　　x——中性层移动系数，查表附录六。

（4）断面的畸变 从弯曲件变形区域的横断面分析，有两种变形情况：剖面畸变和翘曲。

① 窄板（$B < 3t$）：弯曲后易出现剖面畸变，如图 3-5（a）所示。

② 宽板（$B \geqslant 3t$）：弯曲后易出现长度方向产生翘曲，如图 3-5（b）所示。

3. 弯曲件质量分析

弯曲件在弯曲过程中易出现的质量问题：弯裂、回弹与偏移，如图 3-6 所示。

（1）防止弯裂和皱褶 在生产中常用 r/t 表示弯曲变形程度的大小，r/t 称为相对弯曲半径。r/t 值越小，板料外层纤维的变形程度越大。当 r/t 小到某一极限时，外层就会产生

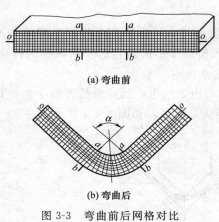

(a) 弯曲前

(b) 弯曲后

图 3-3 弯曲前后网格对比

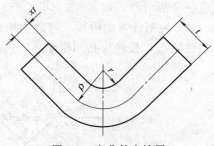

图 3-4 弯曲件中性层

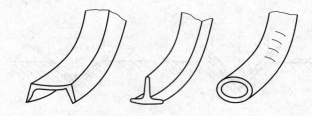

(a) 窄板、型材、管材的弯曲剖面三畸变

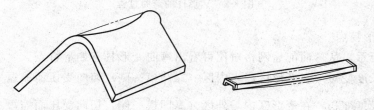

(b) 宽板弯曲后产生翘曲

图 3-5 弯曲件变形区畸变

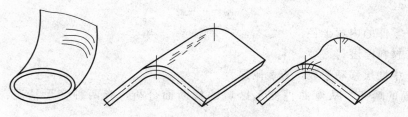

图 3-6 弯曲件主要质量问题

裂纹，此极限弯曲半径称为最小相对弯曲半径，用 $r_{\min}/t$ 表示。因此，要防止弯裂，相对弯曲半径 r/t 不能小于最小相对弯曲半径 $r_{\min}/t$，数值如表 3-1 所示。

另外，弯曲线与纤维方向垂直时，不易弯裂；弯曲线与纤维方向平行时，易弯裂，如图 3-7 所示。

表 3-1 最小相对弯曲半径 $r_{\min}/t$

材　　料	退火状态		冷作硬化状态	
	弯曲线的位置			
	垂直纤维方向	平行纤维方向	垂直纤维方向	平行纤维方向
08、10、Q195、Q215	0.1	0.4	0.4	0.8
15、20、Q235	0.1	0.5	0.5	1.0
25、30、Q255	0.2	0.6	0.6	1.2
35、40、Q275	0.3	0.8	0.8	1.5
45、50	0.5	1.0	1.0	1.7
55、60	0.7	1.3	1.3	2.0
铝	0.1	0.35	0.5	1.0
纯铜	0.1	0.35	1.0	2.0
软黄铜	0.1	0.35	0.35	0.8
半硬黄铜	0.1	0.35	0.5	1.2
紫铜	0.1	0.35	1.0	2.0

注：1. 当弯曲线与纤维方向不垂直也不平行时，可取垂直方向和平行方向二者的中间值。

2. 弯曲时应使板料有毛刺的一边处于弯角的内侧。

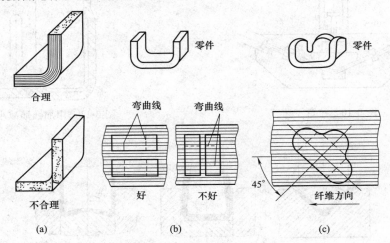

图 3-7　弯曲线与纤维方向关系

（2）减小回弹　塑性弯曲时伴随有弹性变形，当外载荷去除后，塑性变形保留下来，而弹性变形会完全消失，使弯曲件的形状和尺寸发生变化而与模具尺寸不一致，这种现象称为回弹。弯曲时的回弹如图 3-8 所示。

回弹总体上有两大表现特征：

① 工件的圆角半径增大，即 $r > r_p$；

② 弯曲件的弯曲中心角增大，即 $\varphi > \varphi_p$。

所以回弹量可以用 Δr 或 $\Delta \varphi$ 来表示。

在生产中，按回弹量来制造的模具需要经过多次调试和修磨，才能使回弹量控制在许可的范围内。此外，常从以下四方面采取措施用以减小回弹。

① 合理使用材料。降低材料屈服极限，可减小回弹，如弯曲前退火；对回弹较大的材料，可采用加热弯曲。

② 采用适当弯曲工艺。采用校正弯曲代替自由弯曲，如图 3-9 所示无底凹模的自由弯

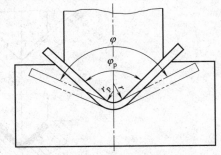

图 3-8　弯曲时的回弹

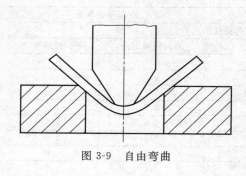

图 3-9 自由弯曲

曲改为图 3-2（d）所示的校正弯曲；采用拉弯工艺（见图 3-10），适合于长度和曲率半径都比较大的制件。

③ 合理弯曲件工艺结构。在弯曲变形区部位设置加强筋，增强变形部位的刚性，如图 3-11 所示。

④ 改善冲模结构。可使用补偿法，如图 3-12 所示，图中 $\Delta\varphi$ 为补偿角；也可将凸模做成局部突起形状，使压力集中作用在弯曲变形区内，如图 3-13 所示；采用软凹模弯曲，可使坯料紧贴凸模，能显著减小回弹，如图 3-14 所示。

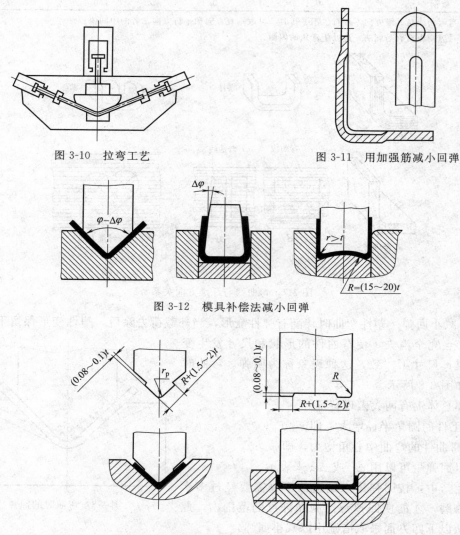

图 3-10 拉弯工艺　　　　　　　图 3-11 用加强筋减小回弹

图 3-12 模具补偿法减小回弹

图 3-13 改变后的凸模结构减小回弹

（3）减小偏移　在弯曲过程中，当坯料各边所受到的凹模摩擦力不等时，坯料会沿其长度方向产生滑移，从而使制件的两直边长度不符合图样要求，这种现象称为偏移，如图 3-15 所示。

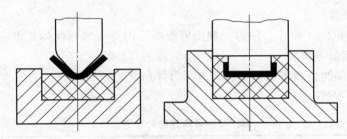

图 3-14 采用软凹模弯曲减小回弹

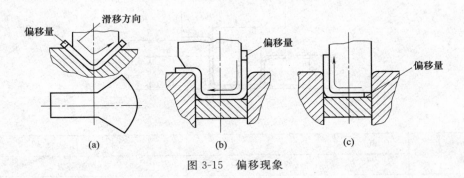

图 3-15 偏移现象

减小偏移措施如下。

① 可靠的定位方式。可采用内孔定位，保证定位销与坯料内孔配合精度，如图 3-16 (a) 所示。

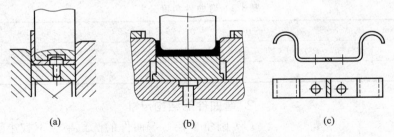

图 3-16 减小偏移的措施

② 设计弹压装置。可设置气垫、橡胶、弹簧等弹性压料装置，在坯料定位时起到压紧作用，防止偏移现象的产生，如图 3-16 (b) 所示。

③ 尽量采用对称凸模、凹模结构，使凸模、凹模圆角半径相等，间隙对称；对不对称件，可采用先成对弯曲再剖切为两个的工艺方法，如图 3-16 (c) 所示。

 内容二　弯曲件的工艺分析

弯曲工艺是指弯曲件的形状、尺寸、精度、材料及技术要求等是否符合弯曲加工的工艺要求。要进行弯曲工艺与弯曲模具设计，首先要进行弯曲件的工艺性分析。良好的工艺性能简化弯曲工艺过程及模具结构，提高弯曲件质量。

一般弯曲件的工艺性应考虑三个方面：弯曲件的精度、弯曲件的结构尺寸和弯曲件的材料。

1. 弯曲件的精度

由于受到坯料定位、偏移、回弹、翘曲等影响，因此一般弯曲件长度的尺寸公差等级在 IT13 级以下，角度公差大于 15′。

表 3-2 为弯曲件的公差等级，表 3-3 为弯曲件角度公差。注意，必须在工艺上增加校正工序才能达到精密等级。

表 3-2　弯曲件的公差等级

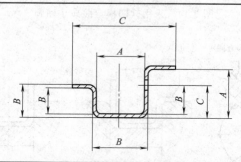

材料厚度 t /mm	A	B	C	A	B	C
	经济级			精密级		
≤1	IT13	IT15	IT16	IT11	IT13	IT13
>1~4	IT14	IT16	IT17	IT12	IT13、IT14	IT13、IT14

表 3-3　弯曲件角度公差

弯角短边尺寸/mm	>1~6	>6~10	>10~25	>25~63	>63~160	>160~400
经济级	±(1°30′~3°)	±(1°30′~3°)	±(50′~2°)	±(50′~2°)	±(25′~1°)	±(15′~30′)
精密级	±1°	±1°	±30′	±30′	±20′	±10′

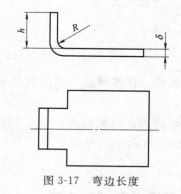

图 3-17　弯边长度

2. 弯曲件的结构尺寸

(1) 圆角半径　弯曲件的圆角半径不宜小于最小弯曲半径，以免产生裂纹。但也不宜过大，因为过大时，受到回弹影响，弯曲圆角与圆角半径的精度都不易保证，如表 3-1 所示。

(2) 弯边长度　弯曲件弯边长度不宜过小，其值应为 $h > R + 2\delta$（见图 3-17）。

(3) 弯曲线位置　弯曲线不应位于零件宽度突变处，以避免撕裂。若必须在宽度突变处弯曲，应事先冲工艺孔或工艺槽，如图 3-18 所示。

(4) 孔与槽位置　如果孔、槽位于变形区附近，弯曲时会使孔变形。为了避免这种缺陷出现，必须使这些孔分布在变形区之外或在弯曲线上冲工艺孔或切槽。如图 3-19 所示，当 $t < 2\text{mm}$ 时，$l \geq \delta$，当 $t \geq 2\text{mm}$ 时，$l \geq 2t$。

(5) 弯曲件形状和尺寸的对称性　弯曲件的形状和尺寸应尽可能对称，如果弯曲件左右高度相差太大或弯曲半径不一致，则应保证弯曲过程受力平衡，防止产生滑动，如图 3-20 (a)、(b) 所示。

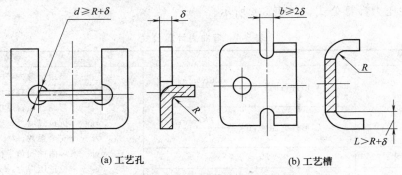

(a) 工艺孔　　　　　　　　　　　　　(b) 工艺槽

图 3-18　防止弯曲处裂纹的工艺措施

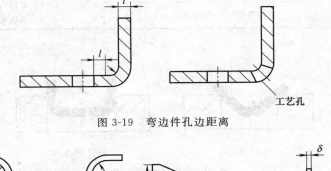

图 3-19　弯边件孔边距离

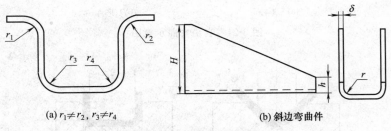

(a) $r_1 \neq r_2$，$r_3 \neq r_4$　　　　　　　(b) 斜边弯曲件

图 3-20　弯边件的对称性

3. 弯曲件的材料

弯曲件的材料要求具有足够的塑性，屈弹比和屈强比小。最适合进行弯曲的材料有软钢、黄铜和铝等。

对于脆性较大的材料，如磷青铜、铍青铜、弹簧钢等，弯曲时要有较大的相对弯曲半径 r/t，否则易产生裂纹。

对于非金属材料，一般是塑性较大的纸板、有机玻璃才能进行弯曲，而且弯曲前要预热，相对弯曲半径也应较大，一般要求 $r/t > 3 \sim 5$。

　弯曲模具的工艺设计

1. 弯曲力的计算

为了选择压力机和设计模具，必须计算弯曲力。影响弯曲力的因素很多，一般用经验公式计算。

弯曲的冲压力计算公式，如表 3-4 所示。

表 3-4　弯曲力计算公式

类　别	计　算　公　式	参　数
自由弯曲力 （见图 3-21）	V 形件弯曲件：$F_自 = \dfrac{0.6Kbt^2\sigma_b}{r+t}$	式中　$F_自$——自由压弯力，N 　　　b——弯曲件板料宽度，mm 　　　t——弯曲件板料厚度，mm 　　　σ_b——抗拉强度，Pa 　　　K——安全系数，取 1.3 　　　r——弯曲件圆角半径，mm 　　　$F_校$——校正压弯力，mm 　　　A——被校部分的投影面积，m^2 　　　p——单位校正力，见表 3-5 　　　Q——顶件力或压料力，N 　　　F——总压弯力
	U 形件弯曲件：$F_自 = \dfrac{0.7Kbt^2\sigma_b}{r+t}$	
校正弯曲力（见图 3-22）	$F_校 = pA$	
顶件力和压料力	$Q = (0.3 \sim 0.8)F_自$	
总弯曲力	自由弯曲时总弯曲力：$F = F_自 + Q$	
	校正弯曲时总弯曲力：$F = F_校$	

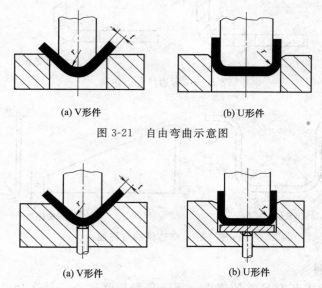

(a) V形件　　　　　(b) U形件

图 3-21　自由弯曲示意图

(a) V形件　　　　　(b) U形件

图 3-22　校正弯曲示意图

表 3-5　单位校正力 p 值　　　　　　　　　　单位：MPa

材　料	材料厚度 t/mm			
	<1	1～3	3～6	6～10
铝	15～20	20～30	30～40	40～50
黄铜	20～30	30～40	40～60	60～80
10～20 钢	30～40	40～60	60～80	80～100
25～30 钢	40～50	50～70	70～100	100～120

2. 弯曲件毛坯长度的确定

弯曲件展开尺寸的计算是基于弯曲变形前后中性层长度保持不变的原理，因此弯曲件的毛坯长度应该等于弯曲件中性层的展开长度。常见的计算方法有以下三种情况。

（1）具有一定圆角半径的弯曲（$r \geqslant 0.5t$，见图 3-23）　毛坯展开尺寸等于弯曲件直线部分长度和圆弧部分长度之和，即

$$L = \sum l_直 + \sum l_弯$$

式中　L——弯曲件毛坯长度，mm；

$\sum l_直$——弯曲件各直线段之和，mm；

$\sum l_弯$——弯曲件弯曲部分中性层的展开长度之和，mm。

其中

$$l_弯 = \frac{(180° - \alpha)}{180°} \pi (R + xt)$$

式中　α——弯曲件内角；

R——弯曲件内层半径，mm；

x——位移中性层系数，如图 3-4 所示。

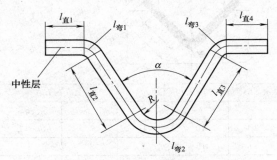

图 3-23　有圆角半径的弯曲

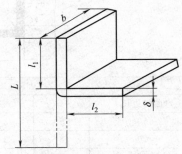

图 3-24　无圆角半径的弯曲

（2）无圆角半径的弯曲（$r < 0.5t$，见图 3-24）　考虑到弯曲处材料变薄情况，毛坯长度等于各直线段长度之和再加上弯曲处长度，即

$$L = \sum l_直 + Knt$$

式中　L——弯曲件毛坯长度，mm；

$\sum l_直$——弯曲件各直线段之和，mm；

n——弯角数目；

t——毛坯料厚度，mm；

K——系数，在单角弯曲时，介于 0.48～0.45 之间，在双角弯曲时，介于 0.45～0.8 之间，在多角弯曲时，取 0.25。

（3）铰链式弯曲件　如图 3-25 所示，其坯料长度可按下式近似计算：

$$L_Z = l + 1.5\pi(r + x_1 t) + r \approx l + 5.7r + 5.7x_1 t$$

式中　l——直线段长度，mm；

r——铰链内半径，mm；

x_1——中性层位移系数，查设计手册。

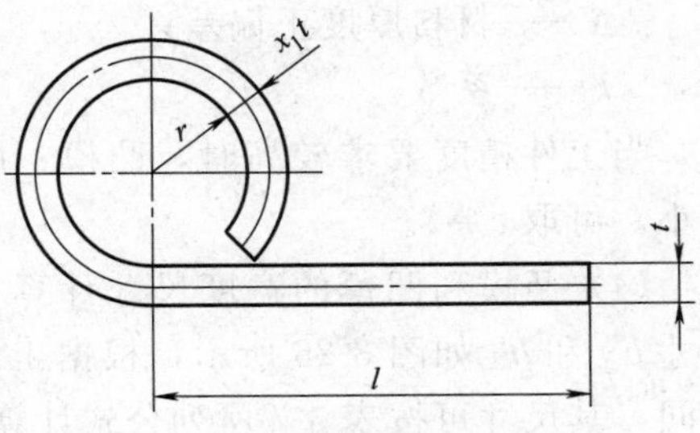

图 3-25　铰链式弯曲件

3. 弯曲模工作部分尺寸确定

弯曲模凸模、凹模工作部分尺寸确定，主要包括以下几方面。

（1）凸模圆角半径 r_p　一般凸模圆角半径取弯曲件的内侧弯曲半径，即 $r_p = r$，但不能小于材料允许的最小弯曲半径。如因工件结构需要，出现 $r < r_{min}$ 时，则应取 $r_p > r_{min}$ 然后加一次整形工序，整形模的尺寸为 $r_p = r$。

（2）凹模圆角半径 r_d 及凹模工作深度 l　凹模圆角半径不能过小，以免材料表面擦伤。在实际生产中，凹模圆角半径 r_d 通常根据材料的厚度来选取：当 $t \leqslant 2$mm 时，$r_d = (3\sim6)t$；当 $t = 2\sim4$mm 时，$r_d = (2\sim3)t$；当 $t > 4$mm 时，$r_d = 2t$。

为方便起见，凹模圆角半径 r_d 及凹模工作深度 l 可查表 3-6。凹模深度要适当，若过小，则工件两端自由部分太多，弯曲件回弹大，不平直，影响零件质量；若过大，凹模增大，消耗钢材多，且需要压力机有较大行程。

V 形凹模底部可开退刀槽或取圆角半径 $r_{底} = (0.6 \sim 0.8)(r_p + t)$。

表 3-6　凹模圆角半径与凹模工作深度　　　　　　　　　　　　单位：mm

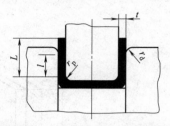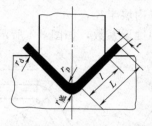

料厚 t	<0.5		$0.5 \sim 2.0$		$2.0 \sim 4.0$		$4.0 \sim 7.0$	
弯曲件边长 L	l	r_d	l	r_d	l	r_d	l	r_d
10	6	3	10	3	10	4		
20	8	3	12	4	15	5	20	8
35	12	4	15	5	20	6	25	8
50	15	5	20	6	25	8	30	10
75	20	6	25	8	30	10	35	12
100			30	10	35	12	40	15
150			35	12	40	15	50	20
200			45	15	55	20	65	25

（3）凸模和凹模的间隙　弯曲 U 形工件时，凸模、凹模的间隙值根据下式确定：

$$c = t + \Delta + kt$$

式中　c——弯曲凸模、凹模单边间隙；

t——材料厚度，mm；

Δ——材料厚度正偏差；

k——系数。

当工件精度要求较高时，凸模、凹模的间隙值适当减小，可取 $c = t$。

（4）凸模和凹模的宽度尺寸计算　凸模、凹模宽度尺寸 b_p 和 b_d 如图 3-26 所示，根据工件尺寸的标注方式不同，其尺寸可按表 3-7 所列公式计算。

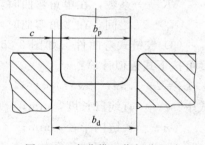

图 3-26　弯曲模工作部分尺寸

表 3-7　凸模、凹模工作部分尺寸计算

工件尺寸标注方式	工件简图	凹模尺寸	凸模尺寸
用外形尺寸标注	$L \pm \Delta$	$b_d = \left(L - \dfrac{1}{2}\Delta\right)_{0}^{+\delta_d}$	b_p 按凹模尺寸配制，保证双面间隙为 $2c$ 或 $b_p = (b_d - 2c)_{-\delta_p}$

续表

工件尺寸标注方式	工件简图	凹模尺寸	凸模尺寸
用外形尺寸标注	$L_{-\Delta}^{\ 0}$	$b_d = \left(L - \dfrac{3}{4}\Delta\right)_{\ 0}^{+\delta_d}$	b_p 按凹模尺寸配制,保证双面间隙为 $2c$ 或 $b_p = (b_d - 2c)_{-\delta_p}$
用内形尺寸标注	$L \pm \Delta$	b_d 按凸模尺寸配制,保证双面间隙为 $2c$ 或 $b_d = (b_p + 2c)_{-\delta_d}$	$b_p = \left(L + \dfrac{1}{2}\Delta\right)_{-\delta_p}^{\ 0}$
	$L_{\ 0}^{+\Delta}$		$b_p = \left(L + \dfrac{3}{4}\Delta\right)_{-\delta_p}^{\ 0}$

注: 表中, b_p、b_d 为弯曲凸模、凹模宽度尺寸, mm; c 为弯曲凸模、凹模单边间隙, mm; L 为弯曲件外形或内形的基本尺寸, mm; Δ 为弯曲件的尺寸公差, mm; δ_p、δ_d 为弯曲凸模、凹模制造公差, mm (采用 IT7~IT9 级)。

内容四　弯曲模具的结构设计

1. 弯曲件的工序安排

弯曲件的工序安排是在工艺分析和工艺计算后的一项工艺设计工作。合理安排弯曲工序, 可以简化模具结构, 便于操作定位, 提高制件质量和生产效率。一般要遵循下面几项安排原则。

① 对于形状复杂的弯曲件, 多次弯曲时, 一般应先弯外角, 后弯内角; 前次弯曲应考虑后次弯曲有可靠的定位, 后次弯曲不能影响前次已经弯曲成的形状。

② 对于批量大、尺寸小的弯曲件, 为使操作方便、定位准确和提高生产效率, 应尽可能采用级进模或复合模成形。

③ 对于非对称弯曲件, 为避免弯曲时坯料偏移, 应尽可能成对弯曲后再切成两件。

图 3-27 和图 3-28 分别为两道工序弯曲成形和三道工序弯曲成形的实例, 供弯曲工序安排时参考。

2. 弯曲模结构设计要点

① 坯料的定位要准确、可靠。应尽可能采用坯料的孔定位, 防止坯料在变形过程中发生偏移。

② 在压弯过程中, 应防止毛坯的滑动。

③ 为了减小回弹, 在冲程结束时应使工件在模具中得到校正。

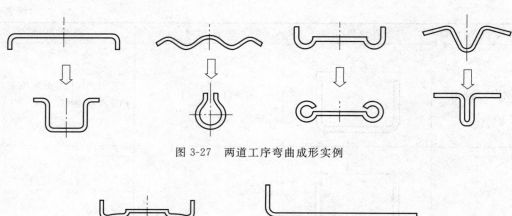

图 3-27　两道工序弯曲成形实例

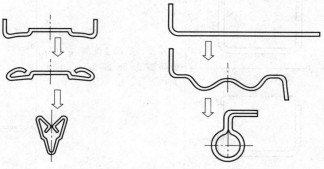

图 3-28　三道工序弯曲成形实例

④ 弯曲模的结构应考虑到在制造与维修中减小回弹的可能。

⑤ 毛坯放入到模具上和压弯后从模具中取出工件要方便，生产效率高，操作安全。

3. 弯曲模的典型结构

生产中常用的弯曲模主要有以下几种。

（1）简单弯曲模　图 3-29 所示为简单弯曲模结构形式。

① 结构组成及工作原理：凸模 3 装在标准槽形模柄 1 上，并用两个销钉 2 固定。凹模 5 通过螺钉和销钉直接固定在下模座上。顶杆 6 和弹簧 7 组成的顶件装置，工作时既起压料作用，防止坯料偏移，回程时又可将弯曲件从凹模内顶出。

② 结构特点：V 形件弯曲模结构简单，对料厚公差要求不高，在压力机上安装调试也较方便，而且制件在弯曲终了可校正，所以回弹小，且制件的形状较为准确。

（2）通用弯曲模　图 3-30 所示为弯曲 V 形、U 形、带突缘 U 形零件通用弯曲模结构，只要更换凸模 2、凹模块 7 即可以弯曲不同形状的制品零件。

模具结构组成及特点：模具主要由凸模 2、凹模块 7、定位板 5 及顶块 3 等组成。凹模块 7 制成左右两块，分别固定在下模板上。

（3）连续复合弯曲模　图 3-31 所示为可以同时进行冲孔、落料和弯曲的复合弯曲模结构形式，用以弯制侧壁带孔的双角弯曲件。

工作原理：工作时用导尺导向，将条料从卸料板下面送入模内至挡块的右侧。然后使滑块下行，剪切凸凹模 3（也是弯曲凹模）便截断条料，并随即将所截毛坯压弯成形。与此同时，冲孔凸模 6 在条料上冲出一孔。回程时卸料板卸下条料，同时顶件销 4 在弹簧 5 的作用下推出制件，然后用手取出。这样不断地重复冲压，除第一件因无孔而成半成品外，以后每次冲压均可得到一件有孔的弯曲工件。若第一件成为成品，则需安置临时挡料装置。

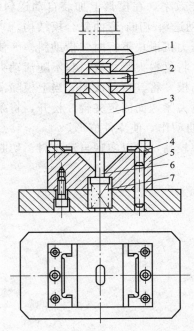

图 3-29　简单弯曲模

1—槽形模柄；2—销钉；3—凸模；
4—定位板；5—凹模；6—顶杆；7—弹簧

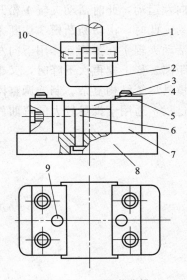

图 3-30　通用弯曲模

1—模柄；2—凸模；3—顶块；4—螺钉；5—定位板；
6—顶杆；7—凹模块；8—下模板；9,10—销钉

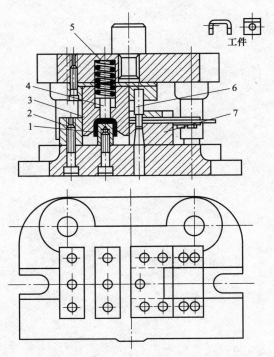

图 3-31　连续复合弯曲模

1—弯曲凸模；2—挡块；3—凸凹模；4—顶件销；
5—弹簧；6—冲孔凸模；7—冲孔凹模

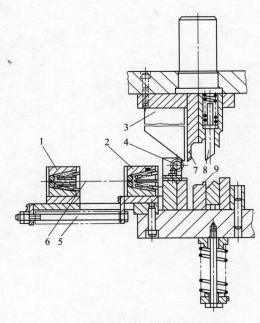

图 3-32　夹辊式自动送料-切断-弯曲模

1—活动夹辊；2—固定夹辊；3—斜楔；4—滑轮；5—弹簧；
6—条料；7—切断凸模；8—弯曲凸模；9—凹模

（4）自动弯曲模　在冷冲压生产中，为了提高生产效率，在模具上加装自动送料装置，可以实现自动化生产。图 3-32 所示的模具为夹辊式自动送料-切断-弯曲复合模结构。

结构组成及工作原理：模具在工作时，当上模随压力机滑块下行时，借助斜楔 3 使活动夹辊 1 向左运动，此时活动夹辊 1 松开，而固定夹辊 2 将材料夹紧，故材料不随活动夹辊而向右移动。此时，由切断凸模 7 切断条料，并由弯曲凸模 8 将其弯曲成形。当上模随滑块上升时，活动夹辊 1 在弹簧 5 作用下向左移动，并将条料夹紧，而固定夹辊 2 松开，将条料送进一个距离。待上模再次下降时，又重复上述切断-弯曲动作，使零件成形。

此模具尽管结构复杂、制造调整困难，但生产效率较高，可以实现自动送料、切断、弯曲整个过程，适用于批量较大的弯曲件生产。

课题二
弯曲成形及模具设计基础实训

内容一　弯曲成形及模具设计基础测试

一、填空题

1. 将板料、型材、管材或棒料等_____、_____，_____的冲压方法称为弯曲。

2. 弯曲时，板料的最外层纤维濒于拉裂时的弯曲半径称为_____。

3. 在弯曲变形区内，内层纤维切向受_____应变，外层纤维切向受_____应变，而中性层_____。

4. 在弯曲工艺方面，减小回弹最适当的措施是_____。

5. 弯曲件需多次弯曲时，弯曲次序一般是先弯_____，后弯_____；前次弯曲应考虑后次弯曲有可靠的_____，后次弯曲不能影响前次已经弯曲成的形状。

6. 弯曲时，为了防止出现偏移，可采用_____和_____两种方法解决。

7. 对于弯曲件上位于变形区或靠近变形区的孔或孔与基准面相对位置要求较高时，必须先_____后冲孔；否则都应该先_____后_____，以简化模具结构。

8. 弯曲件展开长度的计算依据是_____。

9. 弯曲件最容易出现影响工件质量的问题有_____、_____和_____等。

二、判断题（正确的打√，错误的打×）

1. 自由弯曲终了时，凸、凹模对弯曲件进行了校正。　　　　　　　　　　（　　）

2. 冲压弯曲件时，弯曲半径越小，则外层纤维的拉伸越大。　　　　　　（　　）

3. 弯曲件的回弹主要是因为弯曲变形程度很大所致。　　　　　　　　　（　　）

4. 当弯曲件的弯曲线与板料的纤维方向平行时，可具有较小的最小弯曲半径；相反，弯曲件的弯曲线与板料的纤维方向垂直时，其最小弯曲半径可大些。　　（　　）

5. 弯曲时，必须尽可能将毛刺一面处于弯曲时的受压内缘，以免应力集中而破裂。

　　　　　　　　　　　　　　　　　　　　　　　　　　　　　　　（　　）

6. 弯曲件的中性层一定位于工件1/2料厚位置。　　　　　　　　　　　（　　）

三、选择题（将正确的答案序号填到题目的空格处）

1. 表示板料弯曲变形程度大小的参数是_____。

A. y/ρ　　　　　B. r/t　　　　　C. E/σ_s

2. 弯曲件在变形区内出现断面为扇形的是____。

A. 宽板　　　　B. 窄板　　　　C. 薄板

3. 弯曲件的最小相对弯曲半径是限制弯曲件产生____。

A. 变形　　　　B. 回弹　　　　C. 裂纹

4. 为了避免弯裂，则弯曲线方向与材料纤维方向____。

A. 垂直　　　　B. 平行　　　　C. 重合

5. 采用拉弯工艺进行弯曲，主要适用于____的弯曲件。

A. 回弹小　　　　B. 曲率半径大　　　　C. 硬化大

6. 对于不对称的弯曲件，弯曲时应注意____。

A. 防止回弹　　　　B. 防止偏移　　　　C. 防止弯裂

7. 最小相对弯曲半径 r_{min}/t 表示____。

A. 材料的弯曲变形极限　　　　　　B. 零件的弯曲变形程度

C. 零件的结构工艺好坏　　　　　　D. 弯曲难易程度

四、弯曲模设计题

1. 如图 3-33 所示，弯曲件长度为 30mm。查标准公差表，标出下面弯曲件宽 32、高 20 的未注尺寸公差，并标在图上。

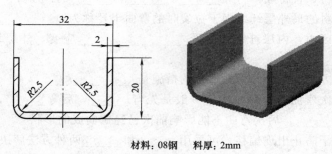

材料：08钢　　料厚：2mm

图 3-33　U 形弯曲件

2. 计算图 3-33 的毛坯展开尺寸。

■ 计算过程：

3. 计算出图 3-33 中弯曲件的弯曲力，并计算出总冲压力（假设模具结构如图 3-34 所示）。

■ 计算过程：

4. 计算弯曲件横向间隙：$Z =$ ____。

5. 计算弯曲件工作部分尺寸和公差，填写表3-8，并将计算结果写在图3-34上。

表 3-8 弯曲件工作部分尺寸计算

工件尺寸	Δ	δ_p	δ_d	凸模尺寸计算公式	凸模尺寸	凹模尺寸计算公式	凹模尺寸
32							

计算过程：

■ 确定凸模圆角半径 r_p

■ 确定凹模圆角半径 r_d

■ 确定凹模深度 l_0

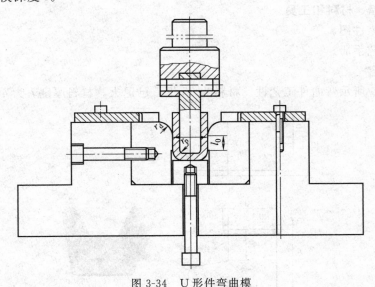

图 3-34 U形件弯曲模

内容二 课堂实训

任务一 压力机上安装弯曲模，试冲压

1. 实验设备、材料和工具

① J23-12 型曲柄压力机一台。

② 相应的弯曲坯料。

③ 弯曲模 2～3 套。

④ 内六角扳手、活动扳手、机床自带固定扳手等。

2. 实验内容

① 熟悉弯曲模具装配图，明确各零件实物，并清楚零件间的装配关系。

② 调整压力机，使之工作正常。

③ 将弯曲模具安装到压力机上，调整模具。安装方法基本上与冲裁模相同。对无导向装置的弯曲模，要用测量间隙或用硬纸板衬片调试的方法来保证。

④ 试弯曲，调整弯曲力。

⑤ 试冲，记录试冲过程中的问题并进行解决。

3. 实验记录（见表 3-9）

表 3-9　实验记录表

序号	弯曲件问题	产生原因	解决方案
1			
2			
3			

任务二　分析弯曲件的弯曲工艺性

1. 实验设备、材料和工具

① 弯曲件零件图。

② 冲压工艺手册。

2. 实验内容

分析图 3-35 所示弯曲件工艺性。材料为 35 钢，已退火，材料厚度 t 为 4mm。

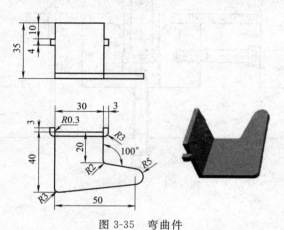

图 3-35　弯曲件

提示：弯曲件的工艺性要从材料性能、结构形状、尺寸大小、加工精度要求等方面进行分析。

3. 实验记录（见表 3-10）

表 3-10　实验记录表

工艺性分析项目	分析记录	弯曲零件(图 3-35)
材料性能		
弯曲半径		
弯边高度		
弯件对称性		
弯曲工艺性能		

任务三　选用压力机

1. 实验设备、材料和工具

① 弯曲件零件图。

② 冲压手册、计算工具。

2. 实验步骤

① 如图 3-36 所示弯曲件，材料为 A3 钢板，厚度为2mm，采用弯曲成形。试计算所需的弯曲力、压料力或顶件力以及公称压力（注：计算时采用校正弯曲）。

② 查阅冲压手册，选择合适的压力机。

3. 实验记录（见表 3-11）

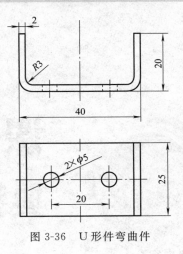

图 3-36　U 形件弯曲件

表 3-11　实验记录表

项　　目	是否具有/数值	依　　据
自由弯曲力		
校正弯曲力		
顶件力或压料力		
压力机公称压力		
选用压力机型号		

任务四　拆装与测绘弯曲模

1. 实验设备、材料和工具

① 简单弯曲模一至两套。

② 锤子、内六角扳手、活动扳手、游标深度尺、千分尺、百分尺、百分表等。

③ 绘图工具。

2. 实验步骤

① 认识弯曲模的总体结构，分析其工作原理。

② 按照拆卸顺序拆卸弯曲模，详细了解每个零件的结构和用途，并填写表 3-12，分析模具各零件间的配合关系及拆卸关系。

表 3-12　实验记录表

序号	零件名称	数量	用　　途

③ 绘制模具装配图以及凸模、凹模等一些主要模具零件图。

④ 将弯曲模重新组装好。

3. 实验记录

① 分析弯曲模的工作原理及弯曲模中各零件的作用。

② 绘制模具装配图以及工作部分零件图。

课题三
典型拉深模具设计实训

【实训内容】

本课题依托 U 形件弯曲模设计实例，以实际设计过程为主线，利用填空方式引导训练学生，培养学生具备分析制件工艺性、制订弯曲模具设计工艺方案、模具工艺设计计算、模具结构设计以及绘制模具装配图和零件图等能力。

【技能目标】

(1) 能正确分析弯曲件的工艺性。
(2) 能正确计算弯曲件毛坯尺寸、工作部分尺寸、弯曲力等工艺及选用压力机。
(3) 能合理安排弯曲工序。
(4) 能进行中等复杂弯曲模结构设计。

内容一　弯曲模具设计步骤及评价

一、设计步骤

参见图 2-43，弯曲模设计过程具体可按以下五个步骤。

(1) 弯曲件工艺分析

① 审查制件是否具备冲压工艺性（包括结构工艺、尺寸精度、材料工艺分析等）。

② 审核制件冲压经济性。

(2) 弯曲工艺方案及弯曲模类型的确定

(3) 弯曲工艺设计

① 确定弯曲力，选定压力机。

② 弯曲件展开长度计算。

③ 弯曲模工作部分尺寸的设计计算。

(4) 弯曲模结构零件设计

① 工作零件设计。

② 其他零件设计。

（5）绘制弯曲模装配图和零件图

二、评价标准

弯曲模具设计实训成绩考核由学生互评加老师评价综合而成，考核项目如表 3-13 所示。

表 3-13 弯曲模具设计实训项目评价标准一览表

步骤	设计过程		分值/分
1	弯曲件工艺分析		10
2	制订模具工艺方案：确定弯曲件工序安排		10
3	模具工艺设计计算	毛坯尺寸计算	10
		弯曲力计算及压力机选用	10
		工作部分尺寸的设计计算	15
4	模具结构设计	工作零件结构设计	15
		其他零件结构设计	10
5	绘制模具装配图和零件图		20
	合计		100

内容二　典型弯曲模具设计实训

一、设计项目及要求

设计题目：U 形件弯曲模。

设计要求：该产品如图 3-37 所示 U 形弯曲件，材料为 A3 钢，材料厚度 t 为 6mm，要求大批量生产，试设计弯曲模。

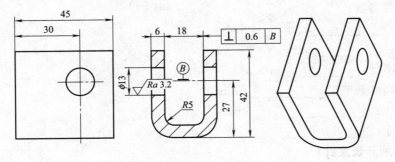

图 3-37　U 形弯曲件

二、设计实训过程

（一）U 形弯曲件工艺分析

1. 制件材料分析

2. 制件结构工艺分析

3. 制件尺寸精度分析

分析最终结论：
（二）弯曲工艺方案及弯曲模类型的确定

（三）弯曲工艺设计
1. 弯曲力确定及压力机选用
（1）冲压力计算过程（表 3-14）。

表 3-14　实验记录表

单位校正力：$p=$ ＿＿＿＿＿ MPa。
校正投影面积取：$A=$ ＿＿＿＿＿＿＿＿＿＿ mm²。
抗拉强度：$\sigma_b=$ ＿＿＿＿＿＿＿ MPa。

类别	计算过程		结论
校正弯曲力	$F_校=pA$	(N)	(kN)
自由弯曲力	$F_自=\dfrac{0.7Kbt^2\sigma_b}{r+t}$	(N)	(kN)
顶件力	$F_顶=(0.3\sim0.8)F_自=$	(kN)	(kN)
总冲压力	$F_总=$	(kN)	(kN)

（2）压力机的选用。
选用压力机型号：＿＿＿＿＿＿。
压力机主要参数：
公称压力：＿＿＿＿＿ t。
滑块行程：＿＿＿＿＿ mm。
最大封闭高度：＿＿＿＿＿ mm。
最大封闭高度调节量：＿＿＿＿＿ mm。
工作台尺寸：＿＿＿＿＿ mm。
模柄孔尺寸：＿＿＿＿＿。
2. 弯曲件展开长度计算
（1）弯曲中性层位置确定。
中性层位移系数：$x=$ ＿＿＿＿＿；$\rho=r+xt=$
（2）坯料长度计算。

（3）绘制毛坯展开图，并标出外形尺寸。

3. 弯曲模弯曲部分尺寸计算

（1）凸模圆角半径 r_p 和凹模圆角半径 r_d 计算。

最终结论：$r_p=$ _____ mm；$r_d=$ _____ mm。

（2）凹模深度 l 确定。

最终结论：凹模深度 $l=$ _____ mm。

（3）U 形件间隙的确定。

单边间隙取：$C=$ _____ mm。

（4）U 形弯曲模工作部分尺寸计算（表 3-15）。

表 3-15 实验记录表

工件尺寸	Δ	δ_p	δ_d	凸模尺寸计算公式	凸模尺寸	凹模尺寸计算公式	凹模尺寸

提示：标注内形尺寸，先计算凸模尺寸。

（四）弯曲模结构零件设计

1. 工作零件设计

（1）凹模设计

■ 凹模材料：_____。

■ 凹模外形简图及尺寸：

（2）凸模设计

■ 凸模材料：_____。

■ 凸模外形简图及尺寸：

2. 其他结构零件设计

（1）模柄设计

■ 模柄材料：_____。

■ 模柄外形简图及尺寸：

（2）定位板设计

■ 定位材料：_____。

■ 定位板外形简图及尺寸：

（3）顶件块设计
■ 顶件块材料：＿＿＿＿＿＿。
■ 顶件块外形简图及尺寸：

（4）定模座设计
■ 定模座材料：＿＿＿＿＿＿。
■ 定模座外形简图及尺寸：

（五）U形件弯曲模装配图
■ 绘制装配工程图草图：

项目四
拉深成形及模具设计

学习内容

本项目主要介绍拉深成形过程、拉深件的工艺分析、拉深模具的工艺设计及结构设计。依托直壁圆筒形件拉深模设计典型实例，以实际设计过程为主线，利用填空方式引导训练学生，培养学生具备分析制件工艺性、制订拉深模具设计工艺方案、模具工艺设计计算、模具结构设计以及绘制模具装配图和零件图等能力。

学习目标

（1）了解拉深变形过程及其特点。
（2）了解拉深件的质量问题，并能分析解决质量缺陷问题。
（3）掌握拉深模凸凹模尺寸、间隙确定、压料力、拉深力等拉深工艺计算方法。
（4）掌握典型拉深模的结构设计。

课题一
拉深成形及模具设计基础

拉深是冲压基本工序之一，它是利用拉深模将一定形状的平板或毛坯冲压成各种形状的开口空心零件的一种冲压工序，又称为拉延、压延。拉深是塑性成形工序的主要工序类型之一，如筒形、阶梯形、球形、锥形、抛物线形等旋转体零件，或方盒形等非旋转体零件，如图 4-1 所示。

(a) 轴对称旋转体拉深件

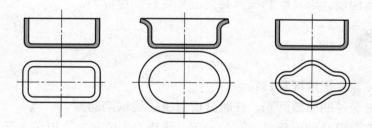

(b) 盒形件

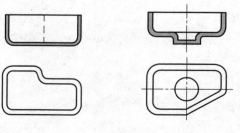

(c) 不对称拉深件

图 4-1 拉深件示意图

拉深变形过程分析

1. 拉深变形过程

拉深可分为不变薄拉深和变薄拉深。不变薄拉深前后各部分壁厚基本不变；变薄拉深后，底部的厚度基本不变，壁厚有明显的变薄。一般情况下所说的拉深，均指不变薄拉深。

图 4-2 所示为平板圆形坯料拉深成无凸缘圆筒形件的拉深变形过程示意图。随着凸模的不断下行，毛坯逐渐被拉进凹模中形成筒壁，毛坯外径不断缩小，而处于凸模下面的材料则成为拉深件的底部，拉深过程结束后平板毛坯变成具有一定直径和高度的开口空心件。

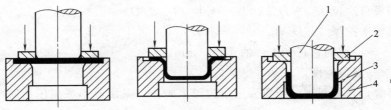

图 4-2 圆筒形件的拉深过程

1—凸模；2—压边圈；3—拉深件；4—凹模

2. 拉深变形特点

在拉深过程中，凸缘部分为主要的变形区域，而底部和已经形成的筒壁只是传力区，根据应力应变状态的不同可以分为五个部分，如图 4-3 所示。

① 平面凸缘部分（A 区）——主要变形区。该部分材料厚度有所增加，容易因失稳而起皱。

② 凹模圆角部分（B 区）——过渡区。该部分是凸缘和筒壁部分的过渡区，材料的变形比较复杂，此处材料厚度比凸缘部分有所减薄。

③ 筒壁部分（C 区）——传力区。该部分在凸模作用下，将凸模的拉深力传递给凸缘区，受单向拉应力的作用，材料发生变薄，筒壁厚度上厚下薄。

图 4-3 拉深件变形区畸变

④ 凸模圆角部分（D 区）——过渡区。该区材料变薄最严重，如果模具设计不合理，最容易出现破裂，是拉深的"危险断面"。

⑤ 筒底部分（E 区）——小变形区。该部分材料在拉深的开始就被拉入凹模，在整个拉深过程中始终保持平面形状，是拉深的不变形区。

3. 拉深件质量分析

拉深过程中的质量问题主要是起皱和拉裂，如图 4-4 所示。

（1）起皱及控制方法 拉深时坯料凸缘区由于受最大切向压应力作用，发生失稳弯曲而拱起，出现波纹状的皱折现象称为起皱。微小起皱会影响零件表面质量和尺寸精度，同时在

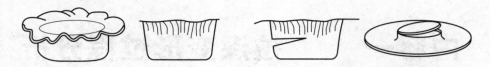

(a) 起皱   (b) 拉裂

图 4-4　拉深件主要质量问题

通过模具间隙时导致摩擦加剧，模具磨损严重，缩短了模具寿命；严重起皱坯料无法顺利进入凹模导致拉深无法顺利进行，继续拉深会使零件危险断面处被拉裂。

控制起皱方法：在拉深模具上设置压料装置。这是防起皱最常用的方法，压料装置可以在坯料刚出现弯曲时将其压平，使板料顺利进入凹模。在生产中可用计算公式估算拉深件是否会起皱。如果满足以下条件：

平端面凹模首次拉深　$t/D \geqslant (0.07 \sim 0.09)(1-d/D)$

锥形凹模首次拉深　$t/D \geqslant 0.03(1-d/D)$

式中　D、d——毛坯的直径和工件的直径，mm；

$\qquad$ t——板料厚度，mm。

则拉深件不起皱；否则起皱，需要采用压边圈来防止。采用或不采用压边圈的条件如表 4-1 所示。

表 4-1　采用或不采用压边圈的条件

拉深方法	首次拉深		以后各次拉深	
	$(t/D) \times 100$	m_1	$(t/d_{n-1}) \times 100$	m_n
采用压边圈	<1.5	<0.6	<1	<0.8
可用可不用	1.5~2.0	0.6	1~1.5	0.8
不用压边圈	≥2.0	>0.6	>1.5	>0.8

另外，防止起皱的方法还有多次拉深和反拉深等。

目前在实际生产中常用的压边装置有弹性压边装置和刚性压边装置。

① 弹性压边装置。弹性压边装置一般用于单动压力机。常用的弹性元件有气垫、弹簧垫和橡皮垫，如图 4-5 所示。

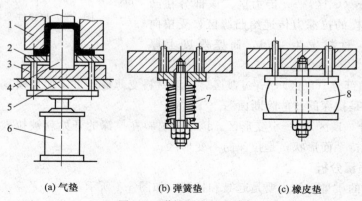

(a) 气垫   (b) 弹簧垫   (c) 橡皮垫

图 4-5　弹性压边的方式

1—凹模；2—压边圈；3—下模板；4—凸模；5—压力机工作台；6—气缸；7—弹簧；8—橡皮

气垫装在压力机工作台下；弹簧垫和橡皮垫一般装在冲模上。三种压边装置所产生的压边力与行程关系，如图 4-6 所示。对于深拉深件与宽凸缘件拉深时，为了克服弹簧和橡皮的缺点，可采用图 4-7 所示的限位装置，使压边圈和凹模之间始终保持一定距离 s。对于凸缘零件拉深 $s=t+(0.05\sim0.1)$；对于铝合金拉深件，$s=1.1t$；对于钢板拉深件，$s=1.2t$。

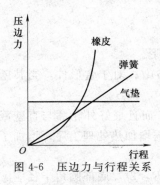

图 4-6　压边力与行程关系

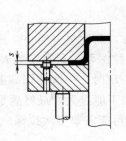 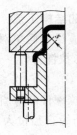 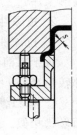

图 4-7　有限位装置压边圈

② 刚性压边装置。刚性压边装置的特点是压边力不随行程变化，拉深效果好，且模具结构简单。这种结构多用于双动压力机，凸模装在压力机的内滑块上，压边装置装在外滑块上，如图 4-8 所示。

（2）拉裂及控制方法　拉深后，在圆筒件侧壁的上部厚度增加约 30%；而在筒壁与底部转角稍上方板料厚度减少近 10%，该处拉深时最易被拉裂，如图 4-4（b）所示。

控制拉裂方法：一方面根据材料力学性能，采用适当的拉深系数和压边力，增加凸模的表面粗糙度，改善凸缘部分变形材料的润滑条件，合理设计模具工作部分形状；另一方面选用拉深性能好的材料。

在实际生产中常用增大凸模与凹模圆角半径、降低拉深力、增加拉深次数、在压边圈和凹模上涂润滑油等方法防止拉裂现象的产生。

（3）硬化及控制方法　拉深是一个塑性变形过程，材料变形后必然发生加工硬化，使其硬度和强度增加，塑性下降。

控制硬化方法：多次拉深或在拉深后进行退火处理。

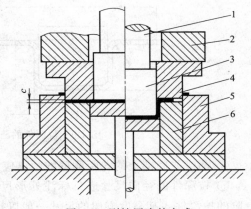

图 4-8　刚性压边的方式

1—凸模固定杆；2—外滑块；3—拉深凸模；

4—压边圈兼落料凸模；5—落料凹模；

6—拉深凹模

内容二　拉深件的工艺分析

拉深工艺性是指拉深件的结构、精度、材料等对拉深工艺的适应性。具有良好工艺性的拉深件，可使拉深工艺过程简化，模具结构简单且寿命长，同时能稳定地获得合格的拉深件。

一般拉深件的工艺性应考虑三个方面：拉深件的精度、拉深件的结构尺寸和拉深件的材料。

1. 拉深件的精度

拉深件的尺寸精度应在 IT13 级以下，不宜高于 IT11 级。如果精度要求过高，需增加整形工序。

2. 拉深件的结构工艺

① 拉深件应尽量简单对称，高度尽可能小，并能一次拉深成形。

对于圆筒形拉深件，一次拉深可达到高度为 $h \leqslant (0.5 \sim 0.76)d$；对于盒形件，当其壁部转角半径 $r = (0.05 \sim 0.2)B$ 时，一次拉深高度为 $h \leqslant (0.3 \sim 0.8)B$。

② 有凸缘拉深件凸缘直径不能过大，最好满足 $d_t \geqslant d + 12t$，而且最好外轮廓与直壁截面形状相似。凸缘直径过大，可能需要多次拉深成形，并且中间需增加热处理工序，增加了拉深难度。

③ 拉深件的圆角要求。如图 4-9 所示，凸缘圆角半径应满足 $R \geqslant 2t$，底部圆角半径应满足 $r_d \geqslant t$，盒形件的四壁圆角半径应满足 $r_h \geqslant 3t$，如果不能满足以上要求，需要增加整形工序。

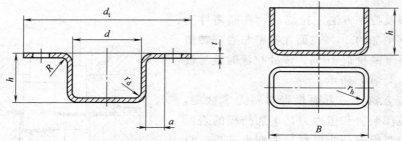

图 4-9　拉深件的凸缘直径、圆角半径和孔边距

④ 凸缘或底部上的孔距侧壁的距离应满足 $a \geqslant R + 0.5t$（或 $a \geqslant r_d + 0.5t$）。

⑤ 拉深件的径向尺寸应只标注外形尺寸或内形尺寸，不能同时标注内、外形尺寸。带台阶的拉深件，其高度方向的尺寸一般以拉深件底部为基准，如图 4-10（a）所示。

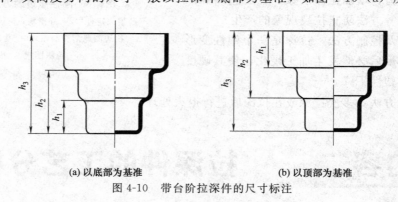

(a) 以底部为基准　　　　　　　(b) 以顶部为基准

图 4-10　带台阶拉深件的尺寸标注

3. 拉深件的材料

拉深件的材料应具有良好的成形性能。具体表现在：一是屈强比值应小，这样变形程度大，拉深性能好；二是板厚方向性系数大、板平面方向性系数小，这样宽度方向变形比厚度

方向易，拉深过程中材料不易变薄或拉裂，有利于拉深成形。

拉深模具的工艺设计

1. 拉深件毛坯尺寸的确定

拉深件毛坯尺寸确定的正确与否，直接影响拉深变形的生产过程以及生产的经济性。在冲压生产中，材料的费用占总成本的 $60\% \sim 80\%$，可见确定合理的拉深件坯料尺寸至关重要。

（1）坯料形状和尺寸的确定依据

① 拉深件坯料形状确定依据：相似原则。如当拉深件的截面轮廓形状是圆形、矩形时，坯料的形状相应地近似为圆形、矩形，并且毛坯的周边应光滑过渡，无急剧转折或尖角。

② 拉深件坯料尺寸确定依据：体积不变原则。对于不变薄拉深，依据等面积法，即根据制件的表面积和毛坯面积相等的原则计算。

③ 修边余量。由于材料的各向异性及其他原因，拉深后零件口部不平齐（"凸耳现象"）是必然的，通常通过加大工序件高度，拉深后加切边工序来修平零件口部。因此坯料尺寸确定必须包含修边余量，参考值如表 4-2、表 4-3 所示。

表 4-2　无凸缘拉深件的修边余量 Δh　　　　单位：mm

工件高度 h	工件的相对高度 h/d				附图
	$>0.5 \sim 0.8$	$>0.8 \sim 1.6$	$>1.6 \sim 2.5$	$>2.5 \sim 4$	
<10	1.0	1.2	1.5	2	
>10~20	1.2	1.6	2	2.5	
>20~50	2	2.5	3.3	4	
>50~100	3	3.8	5	6	
>100~150	4	5	6.5	8	
>150~200	5	6.3	8	10	
>200~250	6	7.5	9	11	
>250	7	8.5	10	12	

表 4-3　有凸缘拉深件的修边余量 ΔR　　　　单位：mm

工件高度 d_t	凸缘的相对高度 d_t/d				附图
	1.5 以下	$>1.5 \sim 2$	$>2 \sim 2.5$	$>2.5 \sim 3$	
≤25	1.6	1.4	1.2	1.0	
>25~50	2.5	2.0	1.8	1.6	
>50~100	3.5	3.0	2.5	2.2	
>100~150	4.3	3.6	3.0	2.5	
>150~200	5.0	4.2	3.5	2.7	
>200~250	5.5	4.6	3.8	2.8	
>250	6	5	4	3	

（2）简单旋转体拉深件坯料尺寸的计算　通常采用分解法计算，即首先将拉深件分解成若干个便于计算的简单几何体，分别计算每个简单几何体的表面积，并将求得的表面积相加得到拉深件的总表面积，加上修边余量，然后根据面积相等原则求出坯料直径。计算方法如表 4-4 所示。

表 4-4　简单旋转体拉深件坯料尺寸的计算公式

序号	零件形状	计算公式
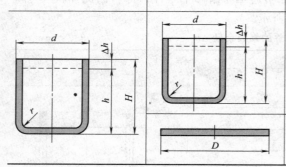		$A_1 = \pi d (H-r)$
		$A_2 = \dfrac{\pi}{4}\left[2\pi r(d-2r)+8r^2\right]$
		$A_3 = \dfrac{\pi}{4}(d-2r)^2$
		$A_{总} = \dfrac{\pi D^2}{4} = A_1 + A_2 + A_3$ D——拉深件坯料直径
		$D = \sqrt{(d-2r)^2 + 4d(H-r) + 2\pi r(d-2r) + 8r^2}$ $= \sqrt{d^2 + 4dH - 1.72dr - 0.56r^2}$

为了使用方便，将规则旋转体工件毛坯直径的计算公式列于表 4-5。

表 4-5　规则旋转体制件毛坯直径的计算公式

序号	制件形状	坯料直径 D
1		$\sqrt{d_1^2 + 4d_2 h + 2\pi r d_1 + 8r^2}$ 或 $\sqrt{d_1^2 + 4d_2 H - 1.72rd_2 - 0.56r^2}$
2		当 $r \neq R$ 时 $\sqrt{d_1^2 + 2\pi r d_1 + 8r^2 + 4d_2 h + 2\pi R d_2 + 4.56R^2 + d_4^2 - d_3^2}$ 当 $r = R$ 时 $\sqrt{d_1^2 + 4d_2 H - 3.44rd_2}$

续表

序号	制件形状	坯料直径 D
3		$\sqrt{8rh}$ 或 $\sqrt{s^2+4h^2}$
4		$\sqrt{2d^2}=1.414d$
5		$\sqrt{8r^2+4dH-4dr-1.72dR+0.56R^2+d_4^2-d^2}$

（3）复杂旋转体拉深件坯料尺寸的计算   复杂旋转体拉深件坯料尺寸利用相似原则来计算，方法如下：根据重心法（久里金法则）求得复杂旋转体拉深件表面，然后利用拉深前后表面积相等原则，求出坯料直径。

假如旋转体面积为 A，坯料直径为 D，则有

$$A=\frac{\pi D^2}{4}\Rightarrow D=\sqrt{\frac{4A}{\pi}}$$

在实际生产中，通常利用 Pro/E、AutoCAD 等软件的作图及查询功能快速、准确地得到任何形状的实体表面积 A。

2. 无凸缘筒形件拉深工艺的计算

（1）拉深系数   拉深系数 m 是指拉深后制件直径 d 与毛坯直径 D 的比值，即 $m=d/D$，如图 4-11 所示。多次拉深时，则为拉深后筒部直径与拉深前筒部直径之比，可由下式表示：

$$m_n=d_n/d_{n-1}$$

式中 m_n——第 n 道拉深工序的拉深系数；

d_n——第 n 道拉深工序拉深后的筒形直径；

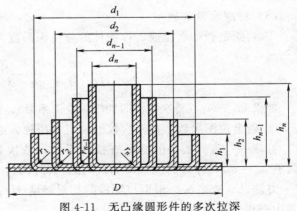

图 4-11 无凸缘圆形件的多次拉深

d_{n-1}——第 n 道拉深工序拉深前的筒形直径。

m 是小于 1 的系数。当 m 越小时，说明拉深时变形程度越大。在确定 m 值时，在保证质量的前提下，要做到充分利用材料的塑性，使其达到最大可能的变形程度，用尽可能少的拉深次数，把制件拉出来，以降低成本。

（2）拉深系数的确定　各次拉深系数 m 可按毛坯相对厚度 $(t/D) \times 100$ 由表 4-6 和表 4-7 确定。

表 4-6　圆筒形件带压边圈时的极限拉深系数

拉深系数	毛坯相对厚度$(t/D) \times 100$					
	2.0～1.5	<1.5～1.0	<1.0～0.6	<0.6～0.3	<0.3～0.15	<0.15～0.08
m_1	0.48～0.50	0.50～0.53	0.53～0.55	0.55～0.58	0.58～0.60	0.60～0.63
m_2	0.73～0.75	0.75～0.76	0.76～0.78	0.78～0.79	0.79～0.80	0.80～0.82
m_3	0.76～0.78	0.78～0.79	0.79～0.80	0.80～0.81	0.81～0.82	0.82～0.84
m_4	0.78～0.80	0.80～0.81	0.81～0.82	0.82～0.83	0.83～0.85	0.85～0.86
m_5	0.80～0.82	0.82～0.84	0.84～0.85	0.85～0.86	0.86～0.87	0.87～0.88

注：1. 此表的拉深系数适用于 08、10 和 15Mn 等低碳钢及软化的 H62 黄铜。对拉深性能较差的材料如 20、25 钢及 Q215、Q235 和硬铝等，应将表中值增大 1.5%～2.0%；而对塑性更好的材料如 05 钢、08 及 10 拉深钢和软铝等，可将表中值减小 1.5%～2.0%。

2. 表中值适用于未经中间退火的拉深，若采用中间退火工序时，可将表中值减小 2%～3%。

3. 表中较小值适用于大的凹模圆角半径 $r_d = (8～15)t$，较大值适用于小的凹模圆角半径 $r_d = (4～8)t$。

表 4-7　圆筒形件不带压边圈时的极限拉深系数

拉深系数	毛坯相对厚度$(t/D) \times 100$				
	1.5	2.0	2.5	3.0	>3.0
m_1	0.65	0.60	0.55	0.53	0.50
m_2	0.80	0.75	0.75	0.75	0.70
m_3	0.84	0.80	0.80	0.80	0.75
m_4	0.87	0.84	0.84	0.84	0.78
m_5	0.90	0.87	0.87	0.87	0.82
m_6	—	0.90	0.90	0.90	0.85

注：此表适合于 08、10 及 15Mn 等材料，其余同表 4-6 的注。

（3）拉深次数的确定

① 判断是否一次拉成。拉深件的总拉深系数为

$$m_z = \frac{d_n}{D} = \frac{d_1}{D} \cdot \frac{d_2}{d_1} \cdot \frac{d_3}{d_2} \cdots \frac{d_n}{d_{n-1}} = m_1 m_2 m_3 \cdots m_n$$

如果 $m_z \geqslant m_1$（首次拉深时的极限拉深系数），该拉深件可一次拉成，否则需要多次拉深。

② 确定拉深次数。拉深次数的确定有两种方法。

方法一：推算法。根据所查拉深系数，依次计算各次拉深后直径，直到 $d_n \leqslant d$ 为止（调整 $d_n = d$），计算的次数即为所需的拉深次数。

方法二：查表法。根据拉深件的相对高度 H/d 和毛坯的相对厚度 $(t/D) \times 100$，从表 4-8 中查得。

表 4-8　无凸缘圆筒形件最大相对高度 H/d 与拉深系数的关系

相对高度 / 相对厚度 / 拉深系数	毛坯相对厚度$(t/D)\times 100$					
	≤2.0～1.5	<1.5～1.0	<1.0～0.6	<0.6～0.3	<0.3～0.15	<0.15～0.08
1	0.94～0.77	0.84～0.65	0.70～0.57	0.62～0.50	0.52～0.45	0.46～0.38
2	1.88～1.54	1.60～1.32	1.36～1.1	1.13～0.94	0.96～0.83	0.9～0.7
3	3.5～2.7	2.8～2.2	2.3～1.8	1.9～1.5	1.6～1.3	1.3～1.1
4	5.6～4.3	4.3～3.5	3.6～2.9	2.9～2.4	2.4～2.0	2.0～1.5
5	8.9～6.6	6.6～5.1	5.2～4.1	4.1～3.3	3.3～2.7	2.7～2.0

注：1. 大的 H/d 值适用于第一道工序的大凹模圆角半径，即 $r_d \approx (8 \sim 15)t$。
　　2. 小的 H/d 值适用于第一道工序的小凹模圆角半径，即 $r_d \approx (4 \sim 8)t$。
　　3. 表中适用材料为 08F、10F。

（4）圆筒形件各次工序尺寸的计算　圆筒形件需要多次拉深时，必须计算各次半成品的尺寸，以便设计模具。

① 半成品直径的确定。根据拉深件的尺寸，可求出毛坯尺寸 D 及相对厚度 $(t/D) \times 100$，从表 4-6 或表 4-7 中查出各次拉深系数，然后计算各工序的直径。

$$d_1 = m_1 D$$
$$d_2 = m_2 d_1$$
$$\vdots$$
$$d_n = m_n d_{n-1}$$

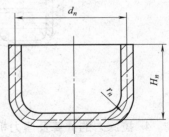

图 4-12　圆筒形件高度

最后一次拉深直径 d_n 必须等于零件要求的直径 d。当 d_n 小于 d 时应进行调整，加大各次拉深系数，使 $d_n = d$。调整拉深系数的原则是后继拉深系数逐渐加大得多些，目的是使其越接近成品的拉深，越容易成型。

② 半成品的高度。在设计模具和选压力机时，必须知道各半成品拉深件的高度。其高度可按下式计算，如图 4-12 所示。

$$H_1 = 0.25\left(\frac{D^2}{d_1} - d_1\right) + 0.43\frac{r_1}{d_1}(d_1 + 0.32r_1)$$

$$H_2 = 0.25\left(\frac{D^2}{d_2} - d_2\right) + 0.43\frac{r_2}{d_2}(d_2 + 0.32r_2)$$

$$\vdots$$

$$H_n = 0.25\left(\frac{D^2}{d_n} - d_n\right) + 0.43\frac{r_n}{d_n}(d_n + 0.32r_n)$$

式中　H_1、H_2、…、H_n——各次工序件的高度，mm；

　　　　d_1、d_2、…、d_n——各次工序件的直径（中线值），mm；

　　　　r_1、r_2、…、r_n——各次工序件的底部圆角半径（中线值），mm；

　　　　D——坯料直径，mm。

3. 带凸缘圆筒形件的拉深方法及工艺计算

带凸缘圆筒形件拉深工艺大体与无凸缘件相似。但要注意多次拉深时两种不同情况的拉深方法。

（1）窄凸缘筒形件的拉深方法　当 $d_t/d=1.1\sim1.4$ 时，拉深件为窄凸缘筒形件。多次拉深时，前几道工序尺寸按照无凸缘筒形件的拉深工序计算，在最后两道工序中，拉深成品先带锥形的凸缘，最后校平，如图 4-13 所示。

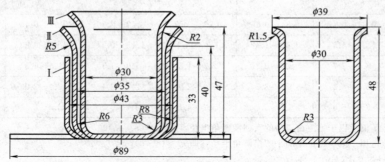

图 4-13　窄凸缘件的拉深方法

（2）宽凸缘筒形件的拉深方法　当 $d_t/d>1.4$ 时，拉深件为宽凸缘筒形件。其拉深方法有两种：一种是通过减小筒壁直径来增加高度的方法，如图 4-14（a）所示，此方法适合于中小型件（$d_t<200mm$）且坯料相对厚度较小的零件；另一种是高度不变法，如图 4-14（b）所示，此方法适合于大型件（$d_t\geqslant200mm$）且坯料相对厚度较大的零件。

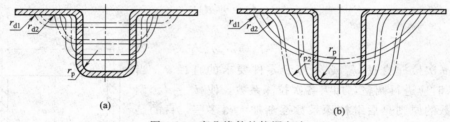

图 4-14　宽凸缘件的拉深方法

4. 拉深力的计算及压力机选择

为了合理选择冲压设备和设计模具，需要进行拉深力的计算。

拉深过程中冲压工艺总力包括拉深力、顶件力、压边力和冲裁力，不同的模具结构包括的冲压力不同，下面介绍拉深力和顶件力的计算方法，如表 4-9 所示。

表 4-9　拉深力计算公式

类别		计算公式	参　数
拉深力	无压边圈	首次拉深：$F=K_1\pi d_1 t\sigma_b$	式中　σ_b——抗拉强度，MPa
		以后各次拉深：$F=K_2\pi d_i t\sigma_b$	K_1、K_2——修正系数，查表 4-10
	有压边图	首次拉深：$F=1.25\pi(D-d_1)t\sigma_b$	d_1——第 1 次拉深直径，mm
		以后各次拉深：$F=1.3\pi(d_{i-1}-d_i)t\sigma_b$	d_i——第 i 次拉深直径，mm
压边力或顶件力		拉深任意形状压力力：$Q=Aq$	d_{i-1}——第 $i-1$ 次拉深直径，mm
		圆筒形件首次拉深压边力：$Q=\pi\left[D^2-(d_1+2r_d)^2\right]q/4$	t——板料厚度，mm
			Q——顶件力或压力力，N
		圆筒形件后续各次拉深压边力：$Q=\pi\left[d_{n-1}^2-(d_n+2r_d)^2\right]q/4$	q——单位压边力，查表 4-11
			A——压边圈部分的投影面积，mm^2
压力机公称压力		单动压力机：$P>F+Q$	d_n——第 n 次拉深工序的直径，mm
		双动压力机：$P_内>F$，$P_外>Q$	r_d——凹模的圆角半径，mm

在实际生产中也可按经验公式来确定压力机的公称压力：

浅拉深时压力机公称压力：$P \geqslant (1.6 \sim 1.8) F_\Sigma$

深拉深时压力机公称压力：$P \geqslant (1.8 \sim 2.0) F_\Sigma$

式中　F_Σ——冲压工艺总力（与模具结构有关，包括拉深力、压边力、冲裁力等），N。

表 4-10　修正系数 K

m_1	0.55	0.57	0.60	0.62	0.65	0.67	0.70	0.72	0.75	0.77	0.80
K_1	1.00	0.93	0.86	0.79	0.72	0.66	0.60	0.55	0.50	0.45	0.40
$m_2 \cdots m_n$	0.70	0.72	0.75	0.77	0.80	0.85	0.90	0.95			
K_2	1.00	0.95	0.90	0.85	0.80	0.70	0.60	0.50			

表 4-11　单位压边力 q　　　　单位：MPa

材料名称	单位压边力 q	材料名称	单位压边力 q
铝	0.8~1.2	08、20、镀锡钢板	2.5~3.0
紫铜、硬铝（已退火）	1.2~1.8	高合金钢、高锰钢、不锈钢	3.0~4.5
黄铜	1.5~2.0		
压轧青铜	2.0~2.5	高温合金	2.8~3.5

5. 拉深模工作部分尺寸确定

拉深模工作部分的尺寸指的是凹模圆角半径 r_d 和凸模圆角半径 r_p、凸模与凹模的间隙 Z、凸模直径 D_p、凹模直径 D_d 等，如图 4-15 所示。

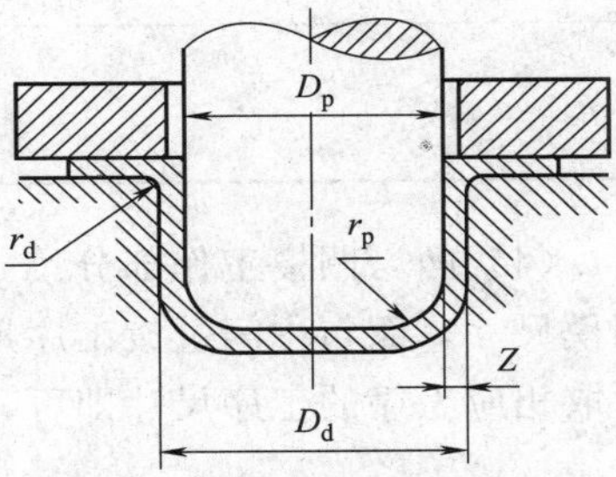

（1）凹模圆角半径 r_d　凹模圆角半径越大所需拉深力就越小；同时，能改善拉深进金属的流动条件，可以适当加大坯料变形程度，减少拉深次数。但是过大的圆角半径，又会使制件起皱，影响产品质量。

图 4-15　拉深模工作部分尺寸

① 首次拉深凹模的圆角半径按以下经验公式计算：

$$r_{d1} = 0.8 \sqrt{(D-d)t}$$

式中　r_{d1}——凹模圆角半径，mm；

　　　D——坯料半径，mm；

　　　d——凹模内径，mm；

　　　t——板料厚度，mm。

② 以后各次拉深时凹模的圆角半径应逐渐减小，可按下式计算：

$$r_{di} = (0.6 \sim 0.8) r_{di-1}$$

以上计算所得凹模的圆角半径必须满足 $r_d \geqslant 2t$。

（2）凸模圆角半径 r_p　凸模圆角半径对拉深工作过程不像凹模圆角半径那样明显，但是过小的凸模圆角半径，易使制品被拉裂；过大的凸模圆角半径，使制品发生起皱。在生产中，凸模圆角半径可按下式计算。

① 首次拉深凸模圆角半径为

$$r_{p1} = (0.7 \sim 1.0) r_{d1}$$

② 中间各次拉深工序的凸模圆角半径为

$$r_{pi-1} = \frac{d_{i-1} - d_i - 2t}{2} \quad (i = 3、4、\cdots、n)$$

式中　d_{i-1}、d_i——前后两次拉深的工序件外径，mm。

③ 最后一次拉深时，r_{pn} 应等于零件的内圆角半径值，即

$$r_{pn} = r_{零件}$$

若 $r_{pn} > t$，则应在拉深结束后增加一道整形工序，以得到 $r_{零件}$。

（3）拉深凸模和凹模的间隙 Z　拉深模间隙一般指凸模和凹模的单面间隙。间隙大小对拉深力、拉深件的质量和模具寿命等都有影响。凸、凹模间隙小，拉深件回弹小，精度高，但间隙小，所需拉深力增大，模具磨损加剧，且过小的间隙会使零件严重变薄甚至拉裂；间隙过大，坯料容易起皱，拉深件锥度大，精度差。综合考虑，间隙一般比毛坯厚度略大一些。

目前生产上对于不用压边圈的拉深，取间隙 $Z = (1 \sim 1.1)t$，最后拉深用小值，中间拉深用大值。对于用压边圈的拉深，间隙值可根据表 4-12 查取。

表 4-12　有压边圈拉深时单边间隙值 Z

总拉深次数	拉深工序	单边间隙 Z
1	一次拉深	$(1 \sim 1.1)t$
2	第一次拉深	$1.1t$
	第二次拉深	$(1 \sim 1.05)t$
3	第一次拉深	$1.2t$
	第二次拉深	$1.1t$
	第三次拉深	$(1 \sim 1.05)t$

（4）凸、凹模工作部分尺寸计算　拉深件尺寸精度主要取决于最后一道拉深工序的凸、凹模尺寸，而与中间过渡工序尺寸没有很大关系。因此，首次及中间各次的凸、凹模工作尺寸取相应工序的工序尺寸即可，其凸、凹模尺寸按下式计算：

$$D_d = D^{+\delta_d}_{\ 0}$$

$$D_p = (D - 2Z)^{\ 0}_{-\delta_p}$$

式中　D_d——凹模公称尺寸，mm；

　　　D_p——凸模公称尺寸，mm；

　　　D——各工序件公称尺寸，mm；

　　　Z——凸、凹模单边间隙，mm；

　　δ_p、δ_d——凸、凹模制造公差，mm。

最后一道工序，则根据工件内、外形尺寸要求和磨损方向来确定凸模、凹模工作尺寸及公差，其计算公式如表 4-13 所示。

表 4-13　凸、凹模工作部分尺寸计算

工件尺寸标注方式	凹模尺寸	凸模尺寸
	$D_d = (D_{max} - 0.75\Delta)^{+\delta_d}_{0}$	$D_p = (D_{max} - 0.75\Delta - 2Z)^{0}_{-\delta_p}$
	式中　D_d——凹模尺寸 　　　D_p——凸模尺寸 　　　D_{max}——制件最大极限尺寸 　　　Δ——制件公差 　　　Z——拉深间隙 　　δ_p、δ_d——凸、凹模制造公差，一般取 IT8、IT9 公差等级	

续表

工件尺寸标注方式	凹模尺寸	凸模尺寸
	$d_d = (d_{min} + 0.4\Delta + 2Z)^{+\delta_d}_0$	$d_p = (d_{min} + 0.4\Delta)^{0}_{-\delta_p}$

式中　　d_d —— 凹模尺寸

d_p —— 凸模尺寸

d_{min} —— 制件最小极限尺寸

Δ —— 制件公差

Z —— 拉深间隙

δ_p、δ_d —— 凸、凹模制造公差，一般取 IT8、IT9 公差等级

内容四　拉深模具的结构设计

1. 拉深凸、凹模的结构

在设计拉深模时，必须合理选择凸、凹模的结构形式。根据拉深的特点，在实际生产中常用的拉深凸、凹模结构如表 4-14 所示。

表 4-14　拉深凸、凹模结构

类型		简图	特点及应用
无压边圈拉深凹模	首次拉深	(a) 圆弧形　(b) 锥形　(c) 渐开线形	对于一次拉成的浅拉深件，凹模可选图（a）～图（c）三种结构。其中图（a）适用于大件，图（b）、图（c）适用于小件
无压边圈拉深凹模	二次以上的拉深	$r_n = \dfrac{d_1 - d_{n-1} - 2t}{2}$　　$r_{n-1} = \dfrac{d_{n-1} - d_1 - 2r}{2}$	该结构适用于二次以上的拉深。首次拉深凹模圆角处采用锥形，锥角为 30°，第二次拉深凹模圆角采用圆弧形

续表

类型	简图	特点及应用
有压边圈的拉深凸、凹模	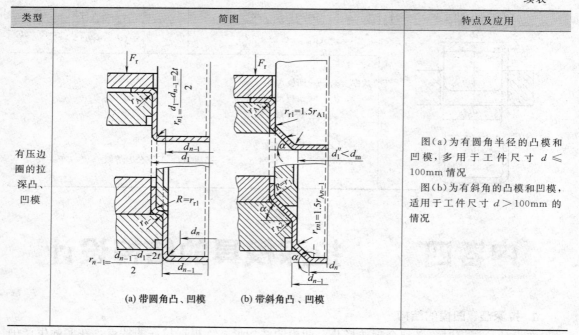 (a) 带圆角凸、凹模　　(b) 带斜角凸、凹模	图(a)为有圆角半径的凸模和凹模，多用于工件尺寸 $d \leqslant 100\text{mm}$ 情况 图(b)为有斜角的凸模和凹模，适用于工件尺寸 $d > 100\text{mm}$ 的情况

2. 拉深模结构设计要点

① 拉深模结构应尽量简单。拉深凸模长度必须满足工件拉深高度要求，且拉深凸模上必须设计通气孔，出气孔尺寸一般取 $d = (5\sim10)\text{mm}$，如图 4-16 所示。

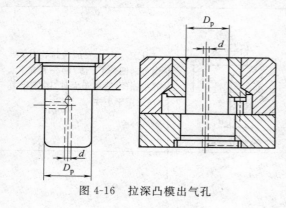

图 4-16　拉深凸模出气孔

② 设计落料-拉深复合模时，由于落料凹模的磨损比拉深凸模磨损快，所以落料凹模上应预先加大磨损余量，普通落料凹模应高出拉深凸模 $2\sim6\text{mm}$。

③ 对于形状复杂、需经过多次拉深的零件（如矩形件），在设计模具时，往往先做拉深模，经试确定合适的毛坯形状和尺寸后再做落料模。

④ 压边圈与毛坯接触的一面要平整，不应有孔或槽，否则拉深时毛坯起皱会陷到孔或槽时，引起拉裂。

⑤ 拉深时由于工作行程较大，故对控制压边力用的弹性元件的压缩量应认真计算。

3. 拉深模的典型结构

根据使用的压力机类型，拉深模可分为单动压力机上用的拉深模和双动压力机上用的拉深模等；根据拉深顺序，拉深模可分为首次拉深模和以后各次拉深模；根据工序组合拉深模可分为单工序拉深模、复合工序拉深模、级进工序拉深模；根据压料情况拉深模可分为有压边装置和无压边装置拉深模。

（1）首次拉深模

① 无压边装置的首次拉深模。如图 4-17 所示，拉深零件直接从凹模底下落下，为从凸

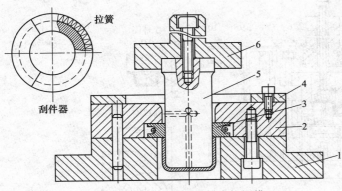

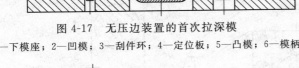

图 4-17 无压边装置的首次拉深模
1—下模座；2—凹模；3—刮件环；4—定位板；5—凸模；6—模柄

模上卸下零件，在凹模下装有刮件环。凸模回程时，刮件环下平面作用于零件口部，把零件卸下。

② 有压边装置的首次拉深模。图 4-18 所示为正装式拉深模，由于弹性元件在上模，因此凸模较长，适用于浅拉深件。

（2）以后各次拉深模

① 无压边装置的以后各次拉深模。如图 4-19 所示，此装置主要用于直径缩小不大的拉深件。

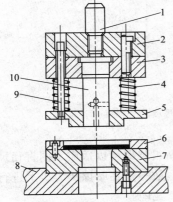

图 4-18 有压边装置的首次拉深模
1—模柄；2—上模座；3—凸模固定板；4—弹簧；
5—卸料板；6—定位板；7—凹模；8—下模座；
9—卸料螺钉；10—凸模

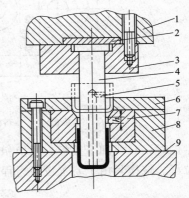

图 4-19 无压边装置的以后各次拉深模
1—上模座；2—垫板；3—凸模固定板；4—凸模；
5—通气孔；6—定位板；7—凹模；
8—凹模座；9—下模座

② 有压料装置的以后各次拉深模。如图 4-20 所示，压料圈 6 除起压边防皱作用外，还起定位作用及卸件作用。压料圈设置两个或三个限位柱 5，使压料圈与凹模间距离始终保持一定的距离，可防止将毛坯压得过紧。

（3）复合拉深模 图 4-21 所示是落料-拉深复合模。条料送进由导料销 11 和挡料销 12 定位，在落料凹模 1 和凸凹模 3 的作用下，冲裁出拉深所需的圆形毛坯，然后圆形毛坯在压料圈 9 的顶压下，由拉深凸模 2 拉入兼作落料凸模和拉深凹模的凸凹模 3 中，得到所需的带凸缘圆形件。拉深完毕后工件由推件块 4 推出，包在凸模上的板料在落料时被冲破而自然卸下。

（4）连续拉深模 图 4-22 所示为多层凹模连续拉深模结构。在一次行程下，通过多个凹模拉深，而每次都采用较小的变形量，使拉深时不易起皱，并不需要压边装置，可一次获得所需的零件制品。这种连续拉深模一般采用通用模架结构。在拉深不同直径的

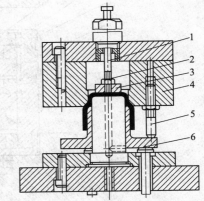

图 4-20 有压边装置的以后各次拉深模
1—顶杆；2—螺母；3—推件块；4—凹模；
5—可调式限位柱；6—压料圈

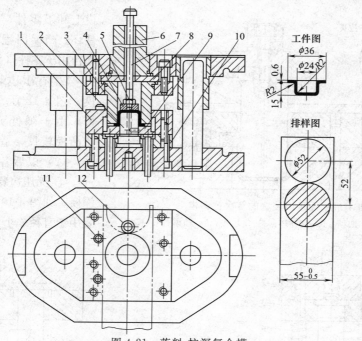

图 4-21　落料-拉深复合模

1—落料凹模；2—拉深凸模；3—凸凹模；4—推件块；5—螺母；6—模柄；7—顶杆；
8—垫板；9—压料圈；10—固定板；11—导料销；12—挡料销

筒形零件时，只要卸下盖板，更换相应直径的凸、凹模重新组装即可以适应不同直径尺寸工件的拉深。该模具由于要求设备行程较长而且拉深力较大，故一般在摩擦压力机上进行。

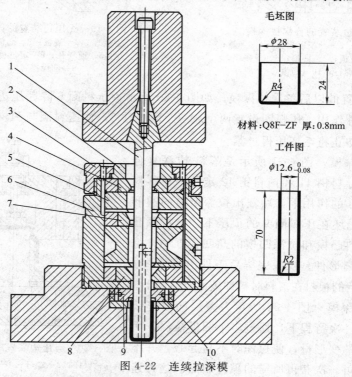

图 4-22　连续拉深模

1—凸模；2—定位板；3—盖板；4—凹模 a；5—垫板；6—凹模套；7—凹模 b；8—凹模 c；9—刮件器；10—弹簧圈

课题二
拉深成形及模具设计基础实训

内容一 拉深成形及模具设计基础测试

一、填空题

1. 拉深系数 m 是_____和_____的比值，m 越小，则变形程度越大。

2. 拉深时，凸缘变形区的_____和筒壁传力区的_____是拉深工艺能否顺利进行的主要障碍。

3. 拉深件的毛坯尺寸确定依据是_____。

4. 拉深凸、凹模的间隙应适当，太_____会不利于坯料在拉深时的塑性流动，增大拉深力；而间隙太_____，则会影响拉深件的精度，回弹也大。

5. 确定拉深次数的方法通常是：根据工件的_____查表而得，或者采用_____法，根据表格查出各次极限拉深系数，然后依次推算出各次拉深直径。

6. 一般情况下，拉深件的公差不宜要求过高。对于要求高的拉深件应加_____工序以提高其精度。

7. 拉深加工时，润滑剂涂在_____或与凹模接触的_____表面上。

8. 拉深变形程度用_____表示。

9. 拉深模中压边圈的作用是防止工件在变形过程中发生_____。

二、判断题（正确的打√，错误的打×）

1. 拉深系数 m 恒小于1，m 越小，则拉深变形程度越大。 （   ）

2. 在弹性压料装置中，橡胶压料装置的压料效果最好。 （   ）

3. 拉深模根据工序组合情况不同，可分为有压料装置的拉深模和无压料装置的拉深模。

（   ）

4. 拉深时，拉深件的壁厚是不均匀的，上部增厚，越接近口部增厚越多，下部变薄，越接近凸模圆角变薄越大。壁部与圆角相切处变薄最严重。 （   ）

5. 拉深系数越小，说明拉深变形程度越大。 （   ）

6. 拉深变形属于伸长类变形。 （   ）

7. 后次拉深的拉深系数可取得比首次拉深的拉深系数小。 （　）

8. 在拉深过程中，压边力过大或过小均可能造成起皱。 （　）

三、选择题（将正确的答案序号填到题目的空格处）

1. 拉深过程中，坯料的凸缘部分为_____。

A. 传力区 　　　　　B. 变形区 　　　　　C. 非变形区

2. 拉深时，在板料的凸缘部分，因受_____作用而可能产生起皱现象。

A. 径向压应力 　　　B. 切向压应力 　　　C. 厚向压应力

3. 拉深时出现的危险截面是指_____的断面。

A. 位于凹模圆角部位 　B. 位于凸模圆角部位 　C. 凸缘部位

4. 拉深过程中应该润滑的部位是_____；不该润滑部位是_____。

A. 压料板与坯料的接触面 　B. 凹模与坯料的接触面 　C. 凸模与坯料的接触面

5. 经过热处理或表面有油污和其他脏物的工序件表面，需要_____方可继续进行冲压加工或其他工序的加工。

A. 酸洗 　　　　　B. 热处理 　　　　　C. 去毛刺

D. 润滑 　　　　　E. 校平

6. 在下面三种弹性压料装置中，_____的压料效果最好。

A. 弹簧式压料装置 　B. 橡胶式压料装置 　C. 气垫式压料装置

7. 利用压边圈对拉深坯料的变形区施加压力，可防止坯料起皱，因此在保证变形区不起皱的前提下，应尽量选用_____。

A. 大的压料力 　　　B. 小的压料力 　　　C. 适中的压料力

8. 拉深变形时，润滑剂涂在_____。

A. 毛坯与凹模接触的一面 　B. 毛坯与凸模接触的一面 　C. 毛坯的两面

四、简答题

1. 采用压边圈的条件是什么？

2. 拉深过程中工件为什么要进行酸洗？酸洗的工艺过程是怎样的？

3. 为什么有些拉深件必须经过多次拉深？

五、拉深模设计题

1. 图 4-23 所示为电工器材上的罩，材料 08F，料厚 1mm。试确定以下内容。

（1）修边余量。

（2）毛坯尺寸。

（3）拉深模工作部分尺寸。

■ 按 IT14 查出未注公差，并标在图 4-23 上。

■ 单边间隙值：$Z=$_____。

■ 计算原则：_____。

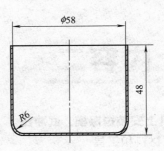

图 4-23 拉深件图

计算并填写表 4-15。

表 4-15 实验记录表 单位：mm

工件尺寸	Δ	δ_p	δ_d	凸模尺寸计算公式	凸模尺寸	凹模尺寸计算公式	凹模尺寸
58							

2. 读图 4-24 后回答下列问题。

（1）写出图中组成压料装置的零件号及名称：

_____。

（2）零件 4 的作用：

_____。

（3）零件 1 的作用：

_____。

（4）模具类型：_____。

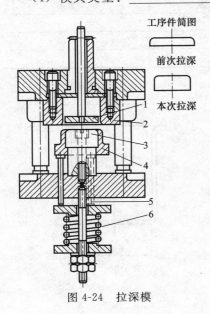

图 4-24 拉深模

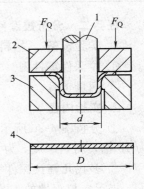

图 4-25 模具图

3. 下列模具（见图 4-25）属于何种类型模具？说明 1～4 号零件应是何零件。

■ 模具类型：_____。

■ 零件名称：

1 _____ 2 _____ 3 _____ 4 _____

内容二　课堂实训

任务一　压力机上安装拉深模，试冲压

1. 实验设备、材料和工具

① 曲柄压力机一台。

② 典型拉深模两套，相应的拉深坯料若干。

③ 内六角扳手一套、样杆或垫片、紫铜棒等。

2. 实验内容

① 熟悉拉深模具装配图，明确各零件实物，并清楚零件间的装配关系。

② 调整压力机，使之工作正常。

③ 将拉深模具安装到压力机上，调整模具闭合高度。

④ 试拉深，调整拉深力。

⑤ 试冲，记录试冲过程中的问题并解决。

注意：拉深模安装中最重要的是保证凸、凹模间隙均匀，即凸、凹模对中。

3. 实验记录

观察拉深件，指出拉深件的五个变形区域，并填写表4-16。

表 4-16　实验记录表

序号	拉深件问题	产生原因	解决方案
1			
2			
3			

任务二　分析拉深件的拉深工艺性

1. 实验设备、材料和工具

① 拉深件零件图。

② 测量工具。

2. 实验内容

① 分析图4-26所示拉深件工艺性。大批量生产，材料为10钢，材料厚度 t 为1mm。

② 多找几幅拉深件零件图，分析其工艺性。

提示：拉深件的工艺性要从材料性能、结构形状、尺寸大小、加工精度要求等方面进行分析。

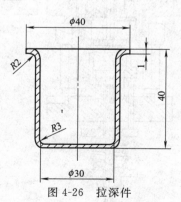

图 4-26　拉深件

3. 实验记录（见表4-17）

表 4-17　实验记录表

工件	底部圆角半径	凸缘圆角半径	凸缘直径	尺寸标注	拉深件工艺性
工件1					
工件2					
工件3					

任务三　选用压力机

1. 实验设备、材料和工具

① 拉深件零件图。

② 冲压手册、计算工具。

2. 实验步骤

① 图 4-27 所示为拉深件，材料为 08 钢板，厚度为 2mm，大批量生产，采用拉深成形。试计算所需的拉深工艺力，并选择压力机。

② 查阅冲压手册，选择合适的压力机。

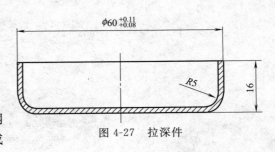

图 4-27　拉深件

3. 实验记录（见表 4-18）

表 4-18　实验记录表

项　目	数值、情况	依　据
是否需要压边装置		
压料力		
拉深力		
压力机公称压力		
选用压力机型号		

课题三
典型拉深模具设计实训

【实训内容】

本课题依托直壁圆筒形件拉深模设计实例，以实际设计过程为主线，利用填空方式引导训练学生，培养学生具备分析拉深件工艺性、制订拉深模具设计工艺方案、模具工艺设计计算、模具结构设计以及绘制模具装配图和零件图等能力。

【技能目标】

(1) 能正确分析拉深件的工艺性。

(2) 能正确计算拉深件毛坯尺寸、工作部分尺寸、拉深力等工艺及选用压力机。

(3) 能合理安排拉深工序。

(4) 能进行中等复杂拉深模结构设计。

内容一　拉深模具设计步骤及评价

一、设计步骤

参见图 2-43，拉深模设计过程具体可按以下五个步骤。

(1) 拉深件工艺分析

(2) 拉深工艺方案及拉深模类型的确定

(3) 拉深工艺计算设计

① 修边余量的确定及制件毛坯尺寸的计算。

② 拉深次数及各工序尺寸确定。

③ 拉深力计算及压力机选择。

④ 凸、凹模工作部分尺寸计算。

(4) 拉深模结构零件设计

① 工作零件设计。

② 其他零件设计。

(5) 拉深模装配图

二、评价标准

拉深模具设计实训成绩考核由学生互评加老师评价综合，考核项目如表 4-19 所示。

表 4-19 拉深模具设计实训项目评价标准一览表

步骤	设计过程		分值/分
1	拉深件工艺分析		10
2	制订模具工艺方案:确定拉深件工序安排		10
3	模具工艺设计计算	毛坯尺寸计算	10
		拉深力计算及压力机选用	10
		工作部分尺寸的设计计算	15
4	模具结构设计	工作零件结构设计	15
		其他零件结构设计	10
5	绘制模具装配图和零件图		20
	合计		100

 内容二　典型拉深模具设计实训

一、设计项目及要求

设计项目：圆筒形件拉深模。

设计要求：图 4-28 所示为直壁圆筒形拉深件，材料 08F 钢，厚度 1mm，大批量生产，试制订工件冲压工艺、模具工艺设计及结构设计。

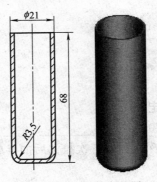

图 4-28　拉深件产品图

二、设计过程

（一）圆筒形件结构工艺分析

1. 制件材料分析

2. 制件结构工艺分析

3. 制件尺寸精度分析

（二）拉深工艺方案及拉深模类型的确定

1. 拉深工艺方案

方案 1：

方案 2：

2. 模具类型

（三）拉深工艺计算设计

1. 修边余量的确定及制件毛坯尺寸计算

（1）由图 4-28 中尺寸得

$d = $＿＿＿＿＿＿ mm；$r_g = $＿＿＿＿＿＿ mm；$h = $＿＿＿＿＿＿ mm。

（2）确定切边余量：

（3）拉深件毛坯尺寸计算：

最终结论：$D = $＿＿＿＿＿＿ mm。

（4）确定是否用压边圈：

2. 拉深次数及各工序尺寸确定

（1）毛坯相对厚度 $(t/D) \times 100 = $＿＿＿＿＿＿＿＿＿。

（注：应用"推算法"确定拉深次数和各次拉深后的半成品筒部直径。）

最终结论：拉深次数 $n = $＿＿＿＿＿＿次。

（2）各工序尺寸确定。

■ 确定各次拉深后的半成品底部圆角半径：

（注：$r_{凹1} = 0.8\sqrt{(D-d)t}$ 和 $r_{凸} = (0.6 \sim 1)r_{凹}$ 的关系，取各次的 $r_{凸}$。）

■ 计算各次拉深后的半成品高度：

（注：应用公式 $h_1 = 0.25\left(\dfrac{D^2}{d_1} - d_1\right) + 0.43\dfrac{r_1}{d_1}(d_1 + 0.32r_1) + \cdots$，求 h_n。）

■ 画出各工序图，并标出尺寸。

第 1 工序：　　　　　　　　　　　　第 2 工序：

第 3 工序：　　　　　　　　　　　　第 4 工序：

3. 拉深力计算及压力机选择（表 4-20）

（1）拉深力计算过程。

表 4-20　实验记录表

钢板系数 $K_1 =$ ＿＿＿＿＿＿；$K_2 =$ ＿＿＿＿＿＿。

单位压边力 $p =$ ＿＿＿＿＿＿ MPa。

压边圈内毛料面积 $A =$ ＿＿＿＿＿＿＿＿＿＿＿＿＿＿ mm²。

抗拉强度：$\sigma_b =$ ＿＿＿＿＿＿ MPa。

类别	计算过程		结论	
首次拉深力	$F = \pi d_1 t \sigma_b K_1 =$	（N）		（kN）
以后各次拉深力	$F = \pi d_n t \sigma_b K_2 =$	（N）		（kN）
压边力	$F = Aq =$	（N）		（kN）
总冲压力	$F_{总} =$	（kN）		（kN）

（2）压力机的选用。

选用压力机型号：＿＿＿＿＿＿＿＿＿＿＿＿＿＿＿＿。

压力机主要参数：

公称压力：＿＿＿＿＿＿ t。

滑块行程：＿＿＿＿＿＿ mm。

最大封闭高度：＿＿＿＿＿＿ mm。

最大封闭高度调节量：＿＿＿＿＿＿ mm。

工作台尺寸：＿＿＿＿＿＿＿＿＿＿＿＿ mm。

模柄孔尺寸：＿＿＿＿＿＿＿＿＿＿＿＿ mm。

4. 凸、凹模工作部分尺寸计算（表 4-21）

（1）拉深间隙。

首次单边间隙：$Z =$

末次单边间隙：$Z =$

（2）凸、凹模工作部分尺寸计算（最后一道工序）。

表 4-21　实验记录表

工件尺寸	Δ	δ_p	δ_d	凹模尺寸计算公式		凸模尺寸计算公式	
				凹模尺寸		凸模尺寸	

提示：①标注外形尺寸，先算凹模尺寸。

②对于多次拉深，中间各工序的凸、凹模尺寸可按下式计算：

凹模：$D_d = D^{+\delta_d}_0$　　　　凸模：$d_p = (D-2Z)^0_{-\delta_p}$

（四）拉深模结构零件设计

1. 工作零件设计

（1）凹模设计

■ 凹模材料：＿＿＿＿＿＿。

■ 凹模外形简图及尺寸：

（2）凸模设计

■ 凸模材料：＿＿＿＿＿＿。

■ 凸模外形简图及尺寸：

2. 其他结构零件设计

（1）压边圈设计

■ 压边圈材料：＿＿＿＿＿＿。

■ 压边圈外形简图及尺寸：

（2）选择模柄

■ 模柄类型：＿＿＿＿＿＿。

　选择原因：

■ 压边圈材料：＿＿＿＿＿＿

■ 画出模柄简图并标出主要尺寸：

（五）圆筒形件拉深模装配图

■ 绘制装配工程图草图：

项目五

多工位级进模具设计

🏠 学习内容

　　本项目主要介绍多工位级进模结构特点，并着重学习掌握级进模的工艺设计及结构设计。

🌱 学习目标

　　（1）了解多工位级进模的特点，熟悉级进模设计基本步骤。

　　（2）掌握多工位级进模的载体设计、排样设计、步距与定距及工序排样等工艺设计。

　　（3）熟悉级进模的基本结构，并掌握工作零件设计、导料浮顶装置的设计和卸料装置的设计。

课题一
级进模具设计基础

在压力机一次行程中，在模具平面的不同坐标位置上同时完成两道或以上的冲压工序的模具称为级进模，又称连续模或跳步模。工位多于 5 步的级进模称为多工位级进模。

冲压时，将带料（或条料）送进后，在严格控制步距的条件下，按照工艺安排的顺序，通过各工位的连续冲压，在最后工位经冲裁或切断后，便可冲制出符合产品图样要求的冲压件。为保证多工位级进模的正常工作，模具必须具有高精度的导向和准确的定距系统，配备有自动送料、自动出件、安全检测等装置。

 **级进模具概述**

1. 级进模的分类

按冲压工序性质来分可将级进模分为冲裁工序级进模和成形冲裁工序级进模两类，如表 5-1 所示。

表 5-1　级进模分类

冲压工序性质	级进模类型
冲裁工序级进模	冲孔落料形式级进模
	切断形式级进模（包括冲孔等工位而最后切断）
成形冲裁工序级进模	拉深冲裁级进模
	弯曲冲裁级进模
	翻边冲裁级进模

2. 级进模的基本组成

级进模的基本结构组成如表 5-2 所示。

3. 级进模的特点

多工位级进模是精密、高效、长寿命的模具。它适用于冲压小尺寸、薄料、形状复杂和大批量生产的冲压件。

表 5-2　级进模结构组成

单　元	功　能			主要零件
工作单元	冲压加工			凸模、凹模
辅助单元	卸料			卸料板、卸料螺钉、弹簧
	定位	X 向		挡料销、侧刃
		Y 向		导料销、侧压装置
		Z 向		浮顶销等
		精定位		导正销
	导向	外导向		模架、导柱、导套
		内导向		小导柱、小导套
	固定			凸模固定板、上下模座、模柄、螺钉、销钉等
	其他			承料板、限位板、安全检测器等

与普通冲模相比，多工位级进模有以下特点。

① 多工序加工。在一副模具中能完成冲裁、弯曲、拉深、成形等多道工序，减少了使用多副模具的周转和重复定位过程，提高设备利用率。

② 操作安全简单，自动化程度高。采用高速冲压设备生产，模具采用了自动送料、自动出件、安全检测等自动化装置，操作安全，避免事故的发生。

③ 导向精度高和定距准确。多工位精密级进模常具有高精度的内、外导向和精确定位装置，能加工高精度制件。

④ 由于级进模中工序分散，所以不存在复合模的"最小壁厚"局限，设计时还可根据模具强度和装配需要空位处理，保证模具的强度和装配空间。

⑤ 级进模主要用于冲制厚度较薄（一般不超过 2mm）、产量大、形状复杂、精度要求较高的中小型零件。用这种模具冲制零件，精度可达到 IT10 级。

⑥ 模具结构复杂，镶块较多，模具设计和制造精度要求很高，制造和装调难度大。同时对冲压设备、原材料也有相应的要求。

内容二　级进模设计过程

一、级进模的工艺设计

级进模的工艺设计内容主要包括产品冲压工艺设计、载体设计、排样图设计和工艺文件编制等。设计时要遵循简化模具结构、保证冲件质量并尽量减少空位等原则。

1. 载体设计

在级进模条料送进过程中，会不断地被切除余料。但在各工位之间到达最后工位以前，总要保留一些材料将其连接起来，以保证条料在模具上稳定连续地送进，这部分材料称为载体，如图 5-1 所示。载体与一般毛坯排样时的搭边有相似之处，但作用完全不同。载体必须具有足够的刚度和强度才能将条料稳定地由一个工位传送到下一个工位。

载体与工序件之间的连接部分称为桥。

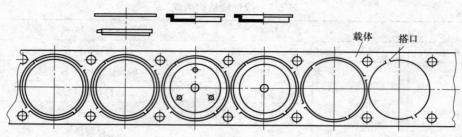

图 5-1　载体排样

多工位精密级进模的排样，根据载体的形式可以分为无载体排样、边料载体排样、单边载体排样、双边载体排样和中间载体排样等五种类型。

（1）无载体排样　图 5-2 所示为无载体排样。此排样材料利用率高，但有毛刺方向相反、切断工序偏斜、精度较低等缺点。

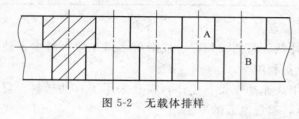

图 5-2　无载体排样

（2）边料载体排样　图 5-1 所示为边料载体排样。该载体主要应用于落料型排样，稳定性好、简单、条料导向容易、工件易收集；但产品易翘曲、废料多。

（3）单边载体排样　图 5-3 所示为单边载体排样。该载体适合在切边型排样中使用，这种载体形式的导正孔只能设置在单侧载体上，故应取较大宽度；缺点是在冲切过程中，载体易产生横向弯曲，毛坯易倾斜。

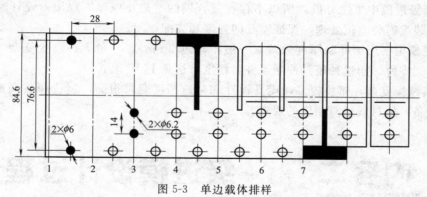

图 5-3　单边载体排样

（4）双边载体排样　图 5-4 所示为双边载体排样。此载体主要适用于冲裁-弯曲级进模中弯曲线的方向垂直于送料方向的排样，送料平稳可靠，条料不易变形，定位精度高；但外形轮廓各段毛刺方向不一致。

（5）中间载体排样　图 5-5 所示为中间载体排样。此载体主要适用于弯边位于载体两侧的弯曲件，它与单边载体类似，只不过是载体位于条料中部，优点是载体宽度可根据零件特点灵活掌握；缺点是条料宽度方向导向比较困难，载体容易产生横向弯曲和送料失误。

2. 排样设计

多工位精密级进模的排样设计是模具设计的关键。排样图的优化与否，关系到材料的利用率、制件的精度、模具制造的难易程度和使用寿命等。所以，除了遵守普通冲模的排样原则外，一般还应考虑如下要点。

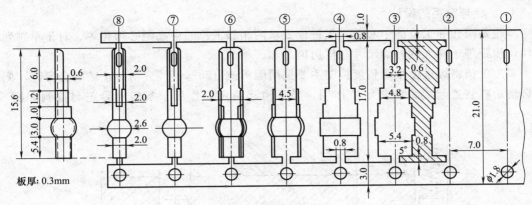

图 5-4　双边载体排样

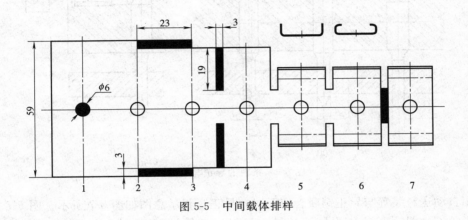

图 5-5　中间载体排样

（1）导正工位安排（见图 5-5）

① 第一工位安排冲孔和冲工艺导正孔。

② 第二工位设置导正销对带料导正，在以后的工位中，可以视工位数和在易发生窜动的工位设置导正销，也可每隔 2～3 个工位设置导正销。

③ 第三工位根据要求，可设置送料步距的误送检测装置。

（2）冲孔

① 冲压件上孔的数量较多时，相对位置精度较高的孔应同步冲出。

② 若孔的位置太近而影响模具强度，可在不同工位上冲孔，但后续冲孔应采取措施保证孔相对位置的精度要求。

③ 复杂型孔可分解为若干简单型孔分步冲出。

（3）弯曲、拉深和成形　每一工位的变形程度不宜过大，变形程度较大的冲压件分几次成形，这样有利于模具的调试修整。对精度要求较高的成形件，应设置整形工位。

（4）空位设置　为提高凹模镶块、卸料板和固定板的强度，保证各成形零件安装位置不发生干涉，可在排样中设置空位，空位的数量根据模具结构的要求而定，如图 5-3 中所示的第 2、5、6 工位。

（5）压筋安排　压筋一般安排在冲孔前，当突包的中央有孔时，可先冲一小孔，压凸后再冲到要求的孔径，这样有利于材料的流动。

（6）多工位连续拉深　拉深前可安排切口、切槽等工艺，便于材料流动。

3. 步距与定距的设计

步距是两相邻工位的中心距。级进模要求两相邻工位的中心距必须相等。对于单排列的排样，步距等于冲件的外廓尺寸与搭边值之和。

多工位精密级进模步距精度控制主要采用侧刃或自动送料装置与导正销联合定距，侧刃或自动送料装置起定距和初定位作用，导正销起精定位作用。条料的导正与检测如图5-6所示。

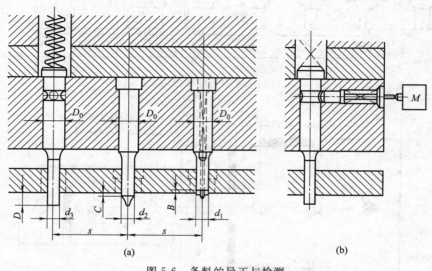

图 5-6　条料的导正与检测

采用自动送料装置与导正销联合定距时，导正过程示意图如图5-7所示。图5-7（a）中出现了误差 C，图5-7（b）为导正销导入材料后可使材料向 F' 方向退回，以此提高定距精度。

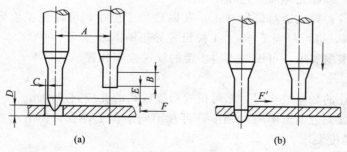

图 5-7　导正过程

采用导正销定距的多工位级进模，其步距精度一般可按如下经验公式估算：

$$\delta = \pm \frac{\beta k}{2\sqrt[3]{n}}$$

式中　δ——级进模的步距对称偏差值，mm；

　　　β——制件沿条料送进方向最大轮廓基本尺寸（展开后）精度提高四级后的实际公差值；

　　　n——模具设计的工位数；

k——修正系数，如表 5-3 所示。

表 5-3   级进模分类

冲裁间隙（双面）/mm	k	冲裁间隙（双面）/mm	k
0.01～0.03	0.85	>0.12～0.15	1.03
>0.03～0.05	0.90	>0.15～0.18	1.06
>0.05～0.08	0.95	>0.18～0.22	1.10
>0.08～0.12	1.0	—	—

注：级进模由于工位的步距累积误差，因此标注模具每工步尺寸时，应由第一工位至其他各工位直接标注其长度，无论这长度多大，其步距公差均为 δ。

4. 搭接头的设计

在级进模冲压过程中，各工位分段切除余料后，要使各段冲裁的连接部位平直或圆滑，以免出现毛刺、错位、尖角等缺陷。在生产过程中，经常采用搭接、平接、切接三种方法对相关部位进行衔接。

（1）搭接   图 5-8（a）所示为冲件上的型孔。第一次冲出 A、C 两区，第二次冲出 B 区，搭接区是冲裁 B 区凸模的扩大部分，如图 5-8（b）所。一般搭接量大于 $0.5t$。如果不受搭接型孔所限，其搭接量可以增大至（1～2.5）t，但最小不能小于 $0.4t$，如图 5-8（c）所示。

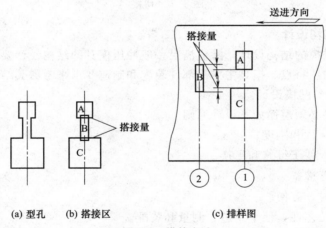

(a) 型孔   (b) 搭接区   (c) 排样图

图 5-8   搭接方法

（2）平接   平接是在冲件的直边上先冲切一段，在另一工位再冲切余下的一段，形成完整的平直直边，如图 5-9 所示。

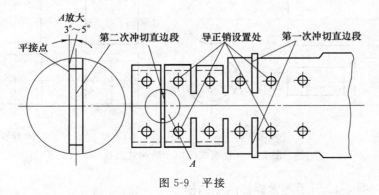

图 5-9   平接

在级进模冲压过程中应尽量避免使用平接。平接时在平接附近要设置导正销，如果工件允许，第二次冲裁宽度应适当增加一些，凸模要修出微小的斜角，一般为 $3°\sim5°$。

（3）切接 如图 5-10 所示，在零件的圆弧部位上分段切除，其特点与平接相同。为使两次冲切的圆弧能光滑地连接，需采取与平接相同的措施，还应使切断型面的圆弧略大于先冲的圆弧。

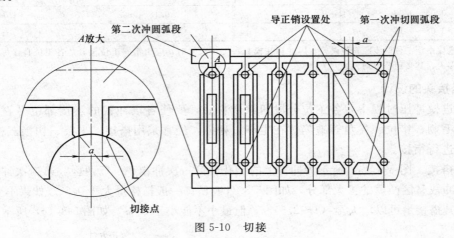

图 5-10 切接

二、级进模的结构设计

多工位精密级进模的结构设计，除应满足一般冲压模具的结构设计要求外，还应根据多工位精密级进模的冲压特点、模具主要零部件装配和制造要求来考虑其结构形状和尺寸。

1. 级进模凸模、凹模设计

级进模工作零件必须遵循如下设计原则。

① 要有足够的强度和刚度。

② 安装要牢固，便于维修和更换。

③ 应有统一的基准。

④ 废料排除及时、方便。

⑤ 应有良好的工艺性，便于制造、测量和装配。

（1）冲裁凸模设计 冲裁凸模分为直通式和阶梯式两种，如图 5-11 所示。直通式采用线切割加工，而阶梯式采用成形磨削等方法加工。

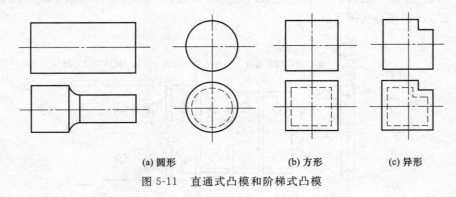

(a) 圆形　　　　　　(b) 方形　　　　　　(c) 异形

图 5-11 直通式凸模和阶梯式凸模

① 圆凸模。图 5-12 所示为常拆卸的圆凸模。

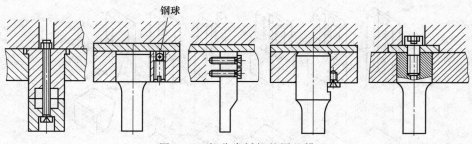

图 5-12　部分常拆卸的圆凸模

图 5-13 所示为小凸模及其固定形式。

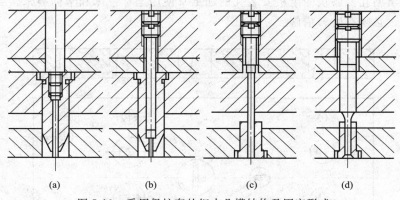

(a)　　　　　(b)　　　　　(c)　　　　　(d)

图 5-13　采用保护套的细小凸模结构及固定形式

图 5-13 (a) 和图 5-13 (b) 均为铅笔状，其冲孔直径在 0.8～2.0mm 以内。小凸模伸出保护套仅有 2.0～3.5mm，并且对保护套的内、外圆同轴度要求严格。图 5-13 (c) 和图 5-13 (d) 均是在卸料板上装有保护套。这两种结构中圆凸模与固定板均有一定间隙，凸模的工作部分依靠装在卸料板上的保护套进行导向，因此对小孔冲制或小间隙冲裁，应采取小导柱对卸料板加以辅助导向，如图 5-14 所示。

② 异形凸模。图 5-15 所示为直通式异形凸模。异形凸模一般采用直通结构，采用线切割结合成形磨削的加工方法制作，用螺钉吊装固定。

非直通式异形凸模的安装部分尽量做成圆形、长圆形、方形和长方形，以便于制造、测量。

(2) 冲裁凹模设计　多工位级进凹模的设计与制造较凸模更为复杂和困难，凹模型孔间的位置精度要求较高。凹模常用的结构类型有整体式、拼块式和嵌入式。由于级进模的工位多，模具的平面尺寸较大，寿命要求高，通常不采用整体式，而是采用由数个凹模块组装在凹模固定板内，即镶入式和拼块式结构。

① 镶入式凹模。图 5-16 所示是镶块式凹模。其特点是：镶块外形做成圆形，且可选用标准的

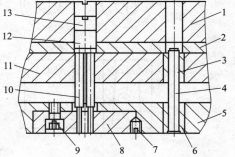

图 5-14　以辅助导向保护细小凸模示意图
1—上模座；2—垫板；3—小导套；4—小导柱；
5—卸料板；6—安装套；7—紧定螺钉；
8—保护板；9—螺钉；10—小凸模；
11—固定板；12—垫柱；13—螺塞

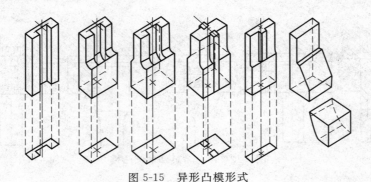

图 5-15　异形凸模形式

凹模套，加工出型孔。镶块固定板安装孔的加工常使用坐标镗床和坐标磨床。当镶块工作型孔为非圆孔时，必须有防转措施。

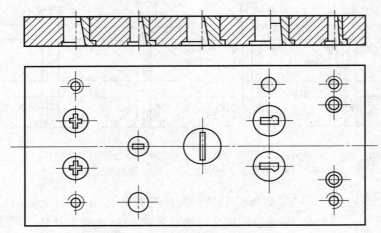

图 5-16　镶块式凹模

图 5-17 所示为常用的凹模镶块结构。

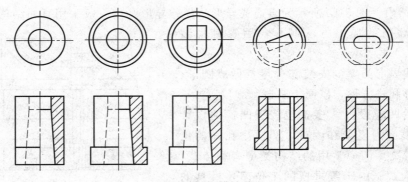

图 5-17　凹模镶块

② 拼块式凹模。拼块式凹模因采用加工方法不同而分为并列组合凹模结构和磨削拼装凹模结构两种。

并列组合凹模结构多采用电加工，加工好的拼块安装在垫板上并与下模座固定，如图

5-18 所示。

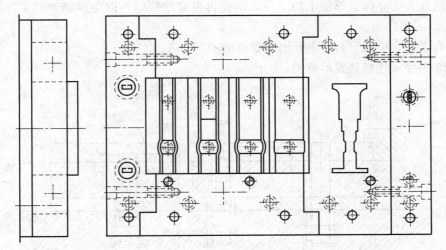

图 5-18 并列组合凹模结构

磨削拼装凹模结构多采用成形磨削，拼块用螺钉、销钉固定在垫板上，镶入凹模套并装在凹模座上，如图 5-19 所示。

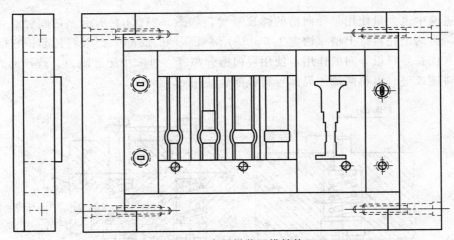

图 5-19 磨削拼装凹模结构

2. 导料、浮顶机构设计

多工位精密级进模的带料经过冲裁、弯曲、拉深等变形后，在条料厚度方向上会有不同高度的弯曲和突起。为了顺利送进带料，必须将带料托起，将带料托起的机构称为浮顶装置。

浮顶机构设置应遵循以下原则。

① 应保持条料平稳送进，前后两侧的导正销应均匀布置。浮顶销之间的间距不宜过大，以免条料波浪送进。

② 所有浮顶销在凹模面上凸出的高度应一致。

③ 浮顶销要有足够的弹顶力以便将工件托起。

④ 对切边形排样，在条料冲出缺口后，不宜再设置导正销，否则浮顶销容易将条料从

缺口处挡住。

⑤ 对已经开始立体成形加工的工位，不能再设置浮顶销，以免浮顶销对工序件的送进形成阻碍。

⑥ 如有必要，应在导料板上开出浮顶销的缺口。

图 5-20 为浮动托料装置示意图。

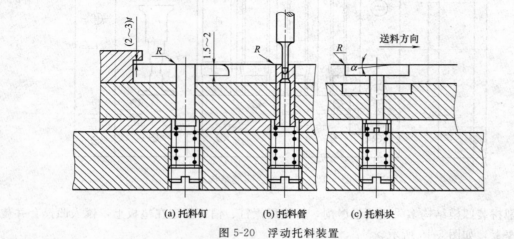

(a) 托料钉　　　　　(b) 托料管　　　　　(c) 托料块

图 5-20　浮动托料装置

在级进模中也大量使用带导向槽的弹顶装置，如图 5-21（b）所示。它成对地布置在条料的两端，由两个托料钉上槽（槽宽 1.5～2.0 倍料厚）的底部来把带料托起。它既有弹顶作用，也有代替导料板导向的作用。使用导向槽弹顶器，可减小送进阻力。选择此弹顶器应在模具进料端或进、出料两端加局部导料板配合使用。

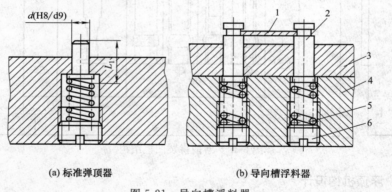

(a) 标准弹顶器　　　　　　　(b) 导向槽浮料器

图 5-21　导向槽浮料器

1—条料；2—托料钉；3—凹模；4—下模座；5—压簧；6—螺塞

3. 卸料装置的设计

如图 5-22 所示，多工位精密级进模的卸料装置一般采用弹性卸料。冲压开始前压紧带料，以防止各凸模冲压时受力不均匀而引起带料窜动，冲压结束后及时平稳地卸料，还要与辅助导向零件配合对细长凸模起到精确导向和保护作用。

三、多工位级进模典型结构实例

1. 实例 1——限位片级进模设计

图 5-23 所示为限位片零件图，材料为 ST12，厚度 t 为 1.5mm，大批量生产，未注公差

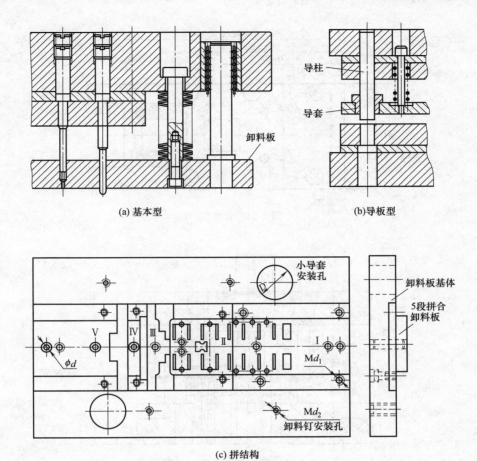

图 5-22　多工位级进模卸料装置

按照 IT14 级处理，试设计该零件的多工位级进模。

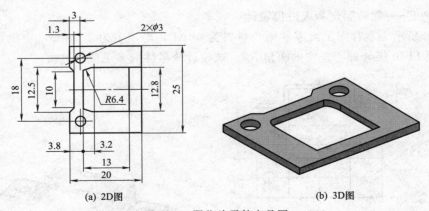

图 5-23　限位片零件产品图

图 5-24 所示为限位片级进模排样图。经计算，条料宽度为 41mm，步距为 23mm，步距精度为 0.025mm。

图 5-25 所示为限位片级进模装配图。

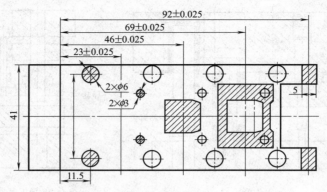

图 5-24　排样图

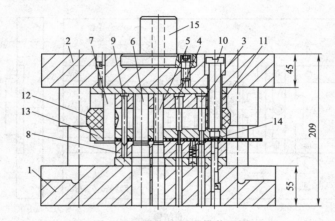

图 5-25　限位片级进模装配图

1—下模座；2—上模座；3~7—凸模；8—凹模；9—导正销；10—卸料螺钉；
11—凸模固定板；12—卸料橡胶；13—卸料板；14—卸料钉；15—模柄

2. 实例 2——靠背固定板级进模设计

图 5-26 所示为靠背固定板零件图，材料为 08AL，厚度 t 为 2.0mm，中批量生产，未注公差按照 IT10 级处理，未注内圆角 $R2$，试设计该零件的多工位级进模。

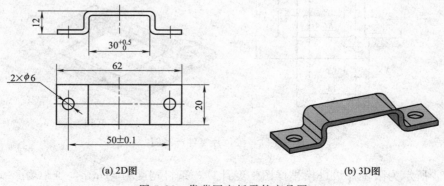

(a) 2D图　　　　　　　　　　(b) 3D图

图 5-26　靠背固定板零件产品图

图 5-27 所示为靠背固定板级进模排样图。经计算，条料宽度为 81mm，步距为 23mm，

步距精度为 0.025mm。

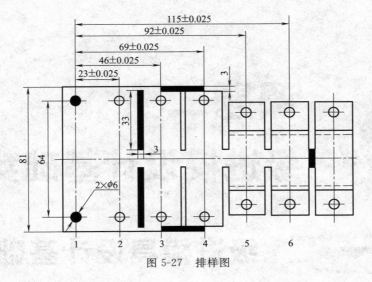

图 5-27 排样图

图 5-28 所示为靠背固定板级进模装配图。

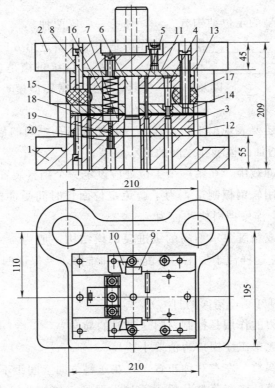

图 5-28 靠背固定板级进模装配图

1—下模座；2—上模座；3—凹模；4—φ6mm 冲头；5—3mm×33mm 冲头；6—侧刃；7—成形凸模；8—切断凸模；
9—导料板；10—挡块；11—上垫板；12—下垫板；13—凸模固定板；14—卸料板；
15—压料板；16，19—弹簧；17—橡胶；18—挡料销；20—螺塞

课题二
级进模设计基础实训

内容一 级进模具设计基础测试

一、填空题

1. 在级进模中，典型的定位结构有_____和_____等两种。

2. 侧刃常被用于_____模中，其作用是控制条料进给方向上的_____。

3. 级进模可分为_____和_____。多工位级进模是在普通级进模的基础上发展起来的一种_____、_____以及_____模具，是技术密集型模具的重要代表，是冲模发展方向之一。

4. 级进模的排样图还要表现出工位设计，一般如果型孔之间的最小距离小于5mm，则要增加_____，以增加凹模型孔之间的最小壁厚。

5. 在级进模多工位冲裁中，在第一个工位处应设定一个挡料装置，称为_____。

6. 由于导料板通常用软钢板制造，为了避免定位面长时间受冲击磨损而定位不精，可在导料板台阶处镶嵌一个淬硬挡料块，称为_____。

7. 工步少，纯冲裁或精度要求不高的级进模凹模结构一般为_____；较多的级进模凹模都是_____结构，这样便于加工、装配调整和维修，易保证凹模_____精度和_____精度。

二、判断题（正确的打√，错误的打×）

1. 在连续模中，侧刃的作用是控制材料送进时的导向。　　　　　　　　　　　（　　）

2. 级进模的搭边值比单工序模搭边值要小些。　　　　　　　　　　　　　　（　　）

3. 浮顶器一般应为偶数，左右对称布置，且在送料方向上间距不宜过大。　　（　　）

4. 对于多工位级进模，或在落料凸模上无法设置导正销时，可在落料轮廓以外的废料边上单独设置导正销孔。　　　　　　　　　　　　　　　　　　　　　　　　（　　）

5. 级进模卸料装置的特点是，一般采用固定卸料，极少用弹压卸料，且卸料板一般装有导向装置，精密模具还用滚珠导向。　　　　　　　　　　　　　　　　　　　（　　）

6. 多工位冲压模的卸料板应选用工具钢，甚至合金工具钢或高速钢。　　　　（　　）

三、选择题（将正确的答案序号填到题目的空格处）

1. 材料厚度较薄，则条料定位应该采用_____。

A. 固定挡料销＋导正销　　B. 活动挡料销　　　　C. 侧刃

2. 侧刃与导正销共同使用时，侧刃的长度应_____步距。

A. ≥　　　　　　　　B. ≤　　　　　　　C. ＞　　　　　　　D. ＜

3. 对步距要求高的级进模，采用_____的定位方法。

A. 固定挡料销　　　　　　B. 侧刃 ＋ 导正销　　C. 固定挡料销 ＋ 始用挡料销

4. 由于级进模的生产效率高，便于操作，但轮廓尺寸大，制造复杂，成本高，所以一般适用于_____冲压件的生产。

A. 大批量、小型　　　　B. 小批量、中型　　　C. 小批量、大型　　D. 大批量、大型

5. 为了保证条料定位精度，使用侧刃定距的级进模可采用_____。

A. 长方形侧刃　　　　　B. 成形侧刃　　　　　C. 尖角侧刃

6. 在连续模中，侧刃的作用是____。

A. 侧面压紧条料　　　　　　　　　　　B. 对卸料板导向

C. 控制条料送进时的导向　　　　　　　D. 控制进距（送进时的距离）实现定位

7. 在连续模中，条料进给方向的定位有多种方法，当进距较小、材料较薄而生产效率高时，一般选用_____定位较合理。

A. 挡料销　　　　　　　B. 导正销　　　　　　C. 侧刃　　　　　　D. 初始挡料销

四、简答题

1. 精密级进模的排样设计有何意义？

2. 什么是载体？

3. 导正销的安装位置如何确定？

五、读图题

1. 已知零件的形状和尺寸，如图 5-29 所示，搭边 $a=0.8$，侧搭边 $a_1=1.0$。试画出级进模冲裁的排样图。

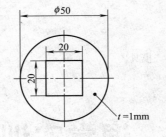

图 5-29　零件图

2. 读图 5-30，回答下列问题：

（1）该模具的种类？_____。

（2）写出序号 15、14、7、8 的模具零件名称：

7：_____；　　　8：_____；14：_____；　15：_____。

（3）写出零件的成形过程。

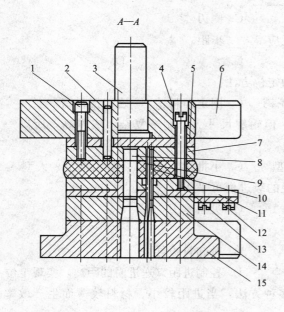

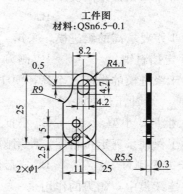

工件图
材料：QSn6.5-0.1

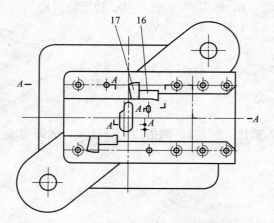

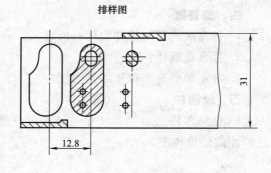

排样图

图 5-30　模具图

内容二　课堂实训

任务一　多工位级进模排样分析
分析图 5-31 中排样图的工位和原理，并填写实训报告表 5-4。

任务二　多工位级进模结构特点分析
分析图 5-32 中多工位级进模的结构特点，并填写实训报告表 5-5。

表 5-4 多工位级进模排样分析实训报告

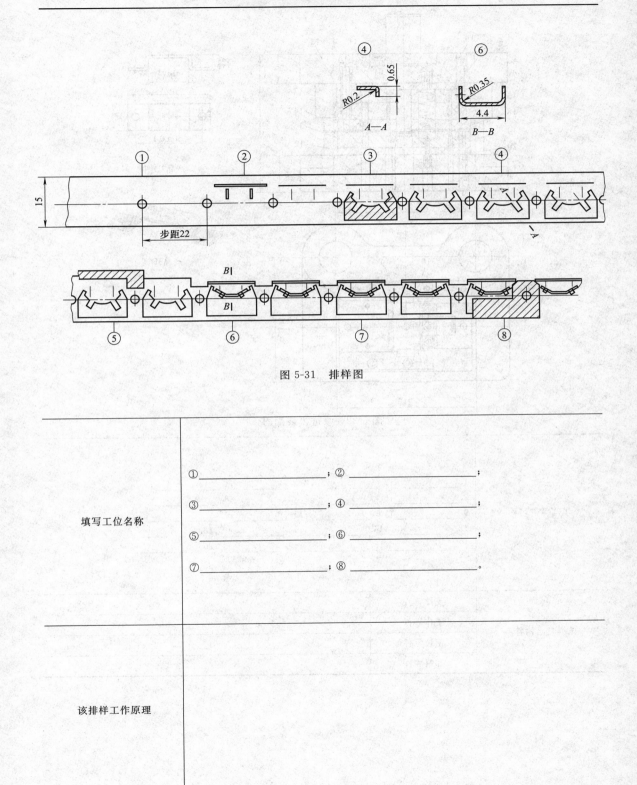

图 5-31 排样图

填写工位名称	① _____ ; ② _____ ; ③ _____ ; ④ _____ ; ⑤ _____ ; ⑥ _____ ; ⑦ _____ ; ⑧ _____ 。
该排样工作原理	

表 5-5 多工位级进模结构特点分析实训报告

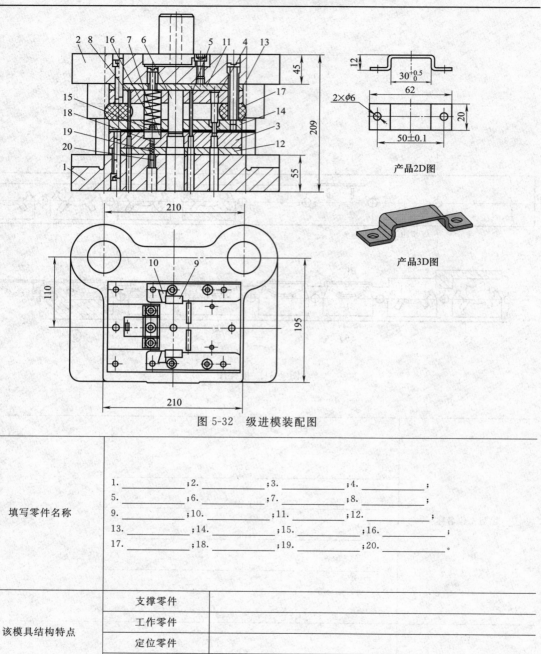

图 5-32 级进模装配图

填写零件名称	1. _____ ; 2. _____ ; 3. _____ ; 4. _____ ; 5. _____ ; 6. _____ ; 7. _____ ; 8. _____ ; 9. _____ ; 10. _____ ; 11. _____ ; 12. _____ ; 13. _____ ; 14. _____ ; 15. _____ ; 16. _____ ; 17. _____ ; 18. _____ ; 19. _____ ; 20. _____ 。

该模具结构特点	支撑零件	
	工作零件	
	定位零件	
	卸料零件	

项目六
其他成形方法及其模具

学习内容

本项目主要介绍胀形、翻边、缩口、校平与整形等成形工序的成形特点、模具结构，并着重学习掌握翻边的工艺计算。

学习目标

（1）了解胀形、翻边、缩口、校平及整形等工序的变形特点。
（2）掌握胀形模、翻边模、缩口模、校形模的结构特点。
（3）掌握翻边工序的变形特点、工艺计算。

课题一
成形方法及模具基础

在冲压生产中，除冲裁、弯曲和拉深工序以外，还有一些通过板料的局部变形来改变毛坯的形状和尺寸的冲压成形工序，如胀形、翻边、缩口、校平和整形等，这类冲压工序统称为其他冲压成形工序。其他成形工序变形特点异同点如表 6-1 所示。

表 6-1　各成形工序变形特点比较表

其他成形工序类型		变形共同特点	变形差异特点
胀形		都是通过材料的局部变形来改变坯料或工序件的形状	(1)属于伸长类成形 (2)成形极限主要受变形区过大拉应力而破裂的限制
翻孔	圆内翻孔		
	外缘翻凸边		(1)属于压缩类成形 (2)成形极限主要受变形区过大压应力而失稳起皱的限制
缩口			
校平与整形			变形量不大，不易产生开裂或起皱

内容一　胀形

所谓胀形，是指在板料或制件的局部施加压力，使变形区内材料在拉应力的作用下，沿切向和径向伸长变形，使材料厚度变薄，表面增大，以获得具有凸起或凹进几何形状制件的成形工艺。

根据工件的形状，胀形分为平板坯料的局部凸起胀形（俗称起伏）和立体空心工序件的胀形（俗称凸肚）两类。胀形能制出筋（肋）、棱、凸（鼓）包以及由它们所构成的各种图案，既可增加制件的刚度，起到装饰效果，又能制造出形状复杂的制件。

胀形在冲压生产中有着广泛的应用，图 6-1 为三个胀形实例示意图。

1. 胀形的变形特点

如图 6-2 所示，平板坯料在带拉深筋的压边圈内压紧，变形区限制在拉深筋以内的坯料上，在球形凸模的作用下，变形区大部分材料受双向拉应力作用，沿切向和径向产生拉伸应变，使材料厚度变薄，表面积增大并在凹模内形成一个凸包。

在通常情况下，胀形破裂总是出现在材料厚度变薄最大的部位。使用球头凸模胀形比使

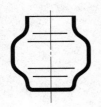
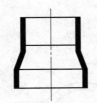
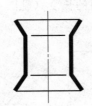

图 6-1　胀形件实例示意图

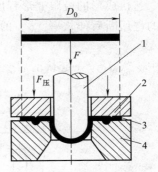

图 6-2　拉深件变形区畸变

1—凸模；2—带拉深筋的压边圈；

3—工件；4—凹模

用平底凸模胀形的成形极限大，应变分布也比较均匀，所以卸载后的回弹小，容易得到尺寸
精度较高的零件。

2. 常用的胀形类型

（1）平板坯料的起伏成形　平板毛坯在模具的作用下发生局部胀形而形成各种形状的凸
起或凹下的冲压方法称为起伏成形，俗称局部胀形，可以压制加强筋、凸包、凹坑、花纹图
案及标记等，如图 6-3 所示。

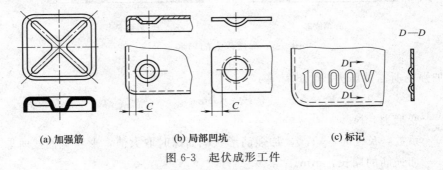

(a) 加强筋　　　　　　(b) 局部凹坑　　　　　　(c) 标记

图 6-3　起伏成形工件

比较简单和常见的起伏成形零件是加强筋。加强筋的基本形式和尺寸可参考表 6-2。

表 6-2　加强筋的基本形式和尺寸

名称	简　图	R	h	r	B 或 D	$\alpha/(°)$
球形筋		$(3\sim4)t$	$(2\sim3)t$	$(1\sim2)t$	$(7\sim10)t$	
梯形筋			$(1.5\sim2)t$	$(0.5\sim1.5)t$	$\geqslant3h$	$15\sim30$

起伏成形的极限变形程度，多用胀形深度表示，可按截面最大相对伸长变形 ε 不超过材料的许用断后伸长率 $[\delta]$ 的 $70\%\sim75\%$ 表示，即

$$\varepsilon=(l-l_0)/l_0\leqslant(0.70\sim0.75)[\delta]$$

式中　l、l_0——起伏前后变形区截面的长度（见图 6-4）。

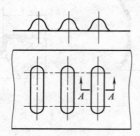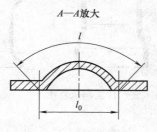

图 6-4　起伏成形前后材料的长度

当加强筋超过极限变形程度时，可首先压制弧形过渡形状，然后压出零件所需的形状，如图 6-5 所示。

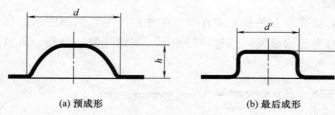

图 6-5　深度较大的局部胀形法

压制加强筋所需冲压力按下式计算：

$$F=KLt\sigma_b$$

式中　F——变形力，N；

　　　K——系数，$K=0.7\sim1.0$，加强筋形状窄而深时取大值，形状宽而浅时取小值；

　　　L——加强筋的周长，mm；

　　　t——厚度，mm；

　　　σ_b——材料抗拉强度，MPa。

在曲柄压力机上对厚度小于 1.5mm、面积小于 2000mm^2 的薄料小件压筋时，冲压力可用下式估算：

$$F=KAt^2$$

式中　A——胀形面积，mm^2；

　　　K——变形系数（对于钢，$K=200\sim300$；对于铜、铝，$K=150\sim200$）。

（2）空心坯料胀形　空心坯料的胀形俗称凸肚，是将空心工序件或管状坯料沿径向向外扩张，胀出所需的凸起曲面的一种加工方法，如高压气瓶、球形容器、波纹管等。

① 胀形变形程度及极限胀形系数。空心坯料胀形的变形程度用胀形系数 K 表示，如图 6-6 所示。

$$K=\frac{d_{\max}}{D}$$

式中　d_{max}——胀形后零件的最大直径，mm；

　　　D——空心坯料的原始直径，mm。

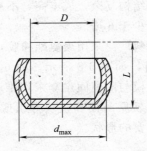

图 6-6　空心坯料胀形前后尺寸变化

部分材料的极限胀形系数的近似值可通过查表 6-3 确定。

表 6-3　部分材料的极限胀形系数的近似值

材　料	厚度/mm	许用伸长率/%	极限胀形系数
高塑铝合金	0.5	25	1.25
	1.0	28	1.28
	1.5～2.0	32	1.32
纯铝	1.0	28	1.28
	1.2	32	1.32
	2.0	32	1.32
黄铜	0.5～1.0	35	1.35
	1.5～2.0	40	1.40
耐热不锈钢	0.5	26～32	1.26～1.32
	1.0	28～34	1.28～1.34
低碳钢	0.5	20	1.20
	1.0	24	1.24

② 胀形毛坯的尺寸计算。由图 6-6 可知，坯料直径 D 为

$$D = \frac{d_{max}}{K}$$

坯料长度 L_0 为

$$L_0 = L(1 + 0.35\delta) + \Delta h$$

式中　L——变形区母线的长度，mm；

　　　δ——坯料切向拉伸的伸长率，用式 $\delta = K - 1$ 计算，mm；

　　　Δh——切边余量，一般取 5～8mm。

3. 胀形模结构

胀形方法一般分为刚性凸模胀形、软质凸模胀形和液体压力胀形等多种形式。

（1）刚性凸模胀形　典型的刚性凸模胀形如图 6-7 所示。模具主要由上凹模、下凹模、分块凸模、锥形芯块和复位弹簧等组成。分块凸模做成分瓣式，压力机滑块下压时，锥形芯

块将分块凸模顶开向外扩张，使包在分块凸模外的工序件胀出所需形状。胀形结束后，压力机滑块上行，分块凸模在复位弹簧作用下回到初始位置，从而取出制件。分块凸模的数目越多，制件形状和精度越好。但模具结构复杂，成本高，不易成形形状复杂的制件。在实际生产中常采用8～12块模瓣，一般不少于6瓣。

（2）软质凸模胀形　该凸模材料广泛采用聚氨酯橡胶，此种橡胶强度高、弹性和耐油性等性能均好；凹模材料用刚性材料，如图6-8所示。图6-8（a）所示模具由软质凸模、凹模、凹模固定套和柱塞等组成。凹模与凹模固定套采用锥形配合，以利于取出制件。图6-8（b）所示模具由上凹模、下凹模、软质凸模和垫块等组成。施加压力后，凸模受压变形将毛坯压向凹模内侧，从而获得所需要的形状。

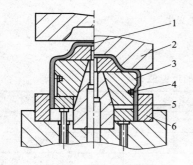

图 6-7　刚性凸模胀形
1—毛坯；2—上凹模；3—分块凸模；
4—复位弹簧；5—锥形芯块；6—下凹模

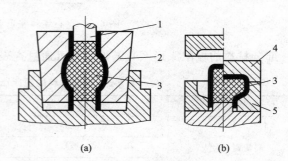

图 6-8　软质凸模胀形
1—柱塞；2—凹模；3—软质凸模；
4—上凹模；5—下凹模

这种胀形方法使制件的变形均匀，制件几何形状容易得到保证，便于制造形状复杂的空心件，在实际生产中得到广泛应用。

（3）液体压力胀形　此种胀形模具一般由凹模、施加压力的柱塞、传递压力的液体和密封装置等组成。凸模材料为液体，凹模材料为刚性的。

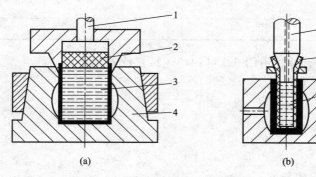

图 6-9　液体压力胀形
1—柱塞；2—橡胶；3—液体；4—凹模

胀形时，先将液体注入管状毛坯内，在密封条件下，通过柱塞的向下移动，使液体的压力增高，将坯料压向刚性凹模，得到所需要的形状，如图6-9所示。图6-9（a）所示模具结构操作不方便，生产效率低。在实际生产中，是先将充满液体的耐压橡胶囊放入管状毛坯内，通过不断增加压力来完成胀形的，如图6-9（b）所示。

内容二 缩口

缩口是将管状坯料或预先拉深好的圆筒形件的敞口处通过模具将其口部尺寸缩小的一种成形方法，是一种压缩类的成形工艺。缩口工艺在国防工业和民用工业中都有广泛应用，如制造枪炮的弹壳、钢制气瓶等。

1. 缩口的变形特点

缩口是一种压缩类成形工序，如图 6-10 所示的口部。越靠近口部，料厚增加越多，口部变形超过一定程度时，口部容易失稳起皱。

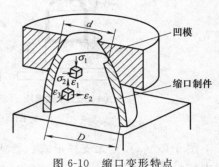

图 6-10　缩口变形特点

缩口质量问题：圆筒形件的敞口部直径在缩口前后不宜相差太大，否则在切向压应力作用下在变形区发生失稳起皱，在非变形区发生失稳弯曲。

失稳是缩口工艺主要要解决的问题。缩口的变形程度用缩口系数 m 表示：

$$m = \frac{d}{D}$$

式中　d——缩口后直径，mm；

　　　D——缩口前直径，mm。

缩口系数越小，变形程度越大。不同材料和厚度的平均缩口系数可查表 6-4。

表 6-4　不同材料和厚度的平均缩口系数 m

材　　料	材料厚度/mm		
	≤0.5	0.5~1.0	>1.0
黄铜	0.85	0.8~0.7	0.7~0.65
钢	0.85	0.75	0.7~0.65

2. 缩口工艺计算

若工件的缩口系数 m 大于允许的缩口系数，则可以一次缩口成形。否则，需要进行多次缩口。缩口次数可按下式估算：

$$n = \frac{m}{m_i}$$

式中　m——总缩口系数；

　　　m_i——平均缩口系数，见表 6-5。

表 6-5　平均缩口系数 m_i

材　　料	材料厚度/mm		
	≤0.5	0.5~1.0	>1.0
黄铜	0.85	0.7~0.8	0.7~0.65
钢	0.85	0.75	0.7~0.65
硬铝	0.75~0.80	0.68~0.72	0.40~0.43

多道工序缩口时，一般第一道工序的缩口系数取 9/10 的平均缩口系数，以后各工序的缩口系数取 1.05～1.1 的平均缩口系数。

各次缩口直径计算类似于拉深各工序件直径计算：$d_n = m_n d_{n-1}$。

毛坯高度计算原则：根据壳体变形前后体积不变的原理。

3. 缩口模结构

缩口模有三种支撑形式，如图 6-11 所示。

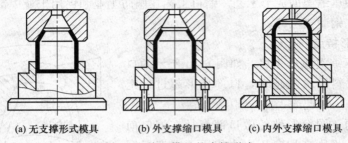

(a) 无支撑形式模具　　　(b) 外支撑缩口模具　　　(c) 内外支撑缩口模具

图 6-11　缩口模具的支撑形式

图 6-11（a）是无支撑形式。管状坯料的内外壁均没有支撑，模具结构简单，但缩口过程中坯料稳定性差。

图 6-11（b）是外支撑形式。管状坯料的内外壁均有支撑，缩口时坯料稳定性较前者好。

图 6-11（c）是内外支撑形式。管状坯料的内外壁均有支撑，模具结构较前两种复杂，但缩口时坯料稳定性最好。

图 6-12 所示为简易缩口模，适用于缩口变形程度较小、相对料厚较大的中小尺寸缩口件。

图 6-13 所示为斜楔式缩口模，适用于较长管件的缩口成形。管坯置于固定支撑板 9 上，上模下行时活动压板 7 首先将管坯压紧，起到外支撑作用。随着上模继续下行，凹模 3 在斜楔块 4 作用下做水平运动，从而使管端缩口成形。上模回程时，凹模由斜楔块复位。

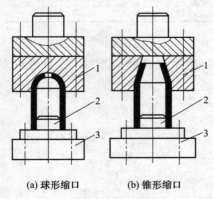

(a) 球形缩口　　　(b) 锥形缩口

图 6-12　简易缩口模

1—凹模；2—定位器；3—下模板

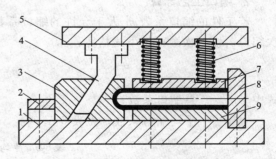

图 6-13　斜楔式缩口模

1—下模板；2—导向板；3—凹模；4—斜楔块；5—上模板；6—弹簧；7—活动压板；8—挡板；9—固定支撑板

图 6-14 所示为气瓶缩口模结构图。缩口模采用外支撑结构，一次缩口成形。由于气瓶

锥角接近合理锥角，所以凹模锥角也接近合理锥角。凹模表面粗糙度 $Ra = 0.4 \mu m$。使用标准下弹顶器，采用后侧导柱框架，导柱、导套加长。

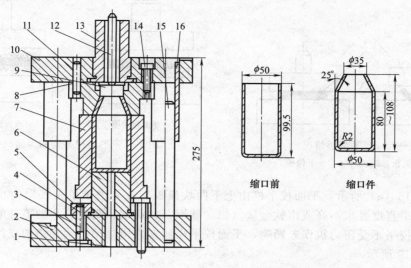

图 6-14 气瓶缩口模

1—顶杆；2—下模板；3,14—螺栓；4,11—销钉；5—上固定板；6—垫块；7—外支撑套；
8—缩口凹模；9—推件块；10—上模座；12—打杆；13—模柄；15—导柱；16—导套

内容三　校平与整形

校平与整形（统称校形）是指制件在经过冲裁、弯曲和拉深等冲压加工之后，因平面度、圆角半径或某些形状尺寸还不能达到图样要求，通过校平或整形模使其产生局部塑性变形，从而得到合格零件的冲压工序。这类工序可提高冲压件的尺寸精度和形状精度，因而应用也比较广泛。

校形的工序特点如下。

① 变形量很小的塑性变形，达到修整目的，使之符合要求。

② 由于校平和整形后工件的精度较高，因而模具的精度要求也相对较高。

③ 所用设备要有一定的刚性，最好使用精压机。若用一般机械压力机，则必须带有过载保护装置，以防材料厚度波动等因素损坏设备。

1. 平板模坯的校平

校平主要用于提高平板零件（一般为冲裁件）的平面度。例如，在斜刃冲裁或无压料装置级进模冲压时，冲件会产生不平整缺陷，要求较高时通常会在最后增加校平工序。

（1）校平变形特点　校平变形情况如图 6-15 所示，在上下模的作用下，工件材料产生反向弯曲变形而被压平，并在压力机的滑块到达下止点时被强制压紧，材料处于三向压应力状态。校平的工作行程不大，但压力很大。

（2）校平方法与校平模具　根据板料厚度和表面要求的不同，平板零件的校平分为平面校平模（也称光面校平模）和齿形校平模两种，如图 6-16 所示。

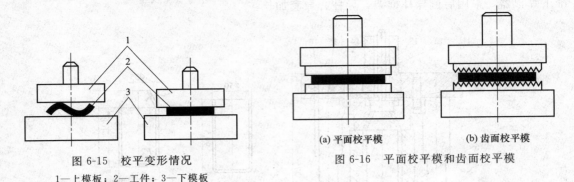

图 6-15　校平变形情况　　　　　　图 6-16　平面校平模和齿面校平模
1—上模板；2—工件；3—下模板

(a) 平面校平模　　　　(b) 齿面校平模

如图 6-16（a）所示，平面校平模由上下两块模板组成。由于单位校形力小，校形效果较差，用于平直度要求不高或由软金属（铝、软钢、软黄铜）制成的小型零件的校形。

为了使校平不受压力机误差影响，平面校平模通常采用浮动模柄式结构或浮动凹模式结构，如图 6-17 所示。

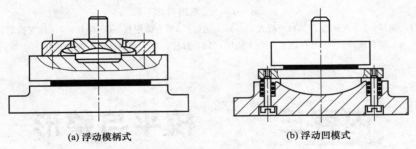

(a) 浮动模柄式　　　　　　(b) 浮动凹模式

图 6-17　光面校平模

如图 6-16（b）所示，齿面校平模由于齿尖突出部分压入毛坯形成许多塑性变形的小坑，有助于改变材料原有的由于反向弯曲所引起的应力应变状态，构成三向压应力状态，因而校形效果较好。

齿面校平模适用于平面度要求较高、材料抗拉强度高、表面允许有压痕的厚板（$t=3\sim15\text{mm}$）的制件。齿面校平模有尖齿和平齿两种（见图 6-18），通常上模齿形与下模齿形互相交错，这样能减少回弹，校平效果好。

2. 成形工序件的整形

整形是指对拉深、弯曲或其他成形工序之后的立体零件进行形状和尺寸修整的校形，目的是提高工序件的尺寸精度和形状精度，减小圆角半径。

（1）弯曲件的整形　弯曲件的整形方法有两种形式：压校和镦校，如图 6-19 所示。

压校时坯料沿长度方向无约束，整形区的变形特点与弯曲时的变形特点相似，坯料内部应力状态的性质变化不大，整形效果一般。

镦校时整个工序件处于三向受压应力状态，改变了工序件的应力状态，故能得到较好的整形效果，但带孔的或宽度不等的弯曲件不宜采用镦校。

（2）拉深件的整形　拉深件的整形原则是应针对整形部位的不同，采取不同的整形方法和模具结构，如图 6-20 所示。

① 拉深件筒壁的整形。普通的拉深件筒壁整形时直壁略微变薄，间隙取 $(0.9\sim0.95)t$，

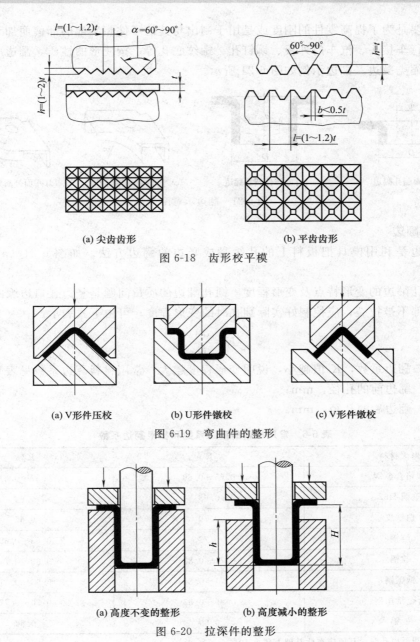

图 6-18　齿形校平模

(a) 尖齿齿形　　　　　　　　　　(b) 平齿齿形

(a) V形件压校　　　　(b) U形件镦校　　　　(c) V形件镦校

图 6-19　弯曲件的整形

(a) 高度不变的整形　　　　(b) 高度减小的整形

图 6-20　拉深件的整形

这种整形也可以和最后一次拉深合并，但应取稍大一些的拉深系数。

　　② 拉深件圆角的整形。包括凸缘根部和筒底部的圆角。

　　③ 拉深件凸缘平面和底部的整形。主要利用模具的校平作用。

内容四　翻边

翻边是将工件的孔边缘或外边缘在模具的作用下冲制成竖直边的成形方法。

翻边主要是为了提高零件的刚度或是用于制出与其他零件相装配的部位而加工出的特定形状，如自行车接头、汽车门外板、铆钉孔、螺纹底孔等。按变形的性质，翻边可分为伸长类翻边和压缩类翻边。翻边示例如图 6-21 所示。

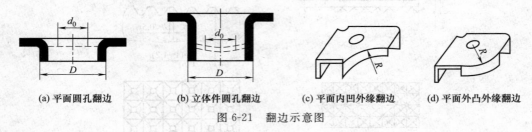

(a) 平面圆孔翻边　　(b) 立体件圆孔翻边　　(c) 平面内凹外缘翻边　　(d) 平面外凸外缘翻边

图 6-21　翻边示意图

1. 内孔翻边

内孔翻边是利用模具把板料上的孔缘翻成竖边的翻边方法，如图 6-21（a）、图 6-21（b）所示。

（1）圆孔翻边的变形特点及变形程度　圆孔翻边的质量问题是竖边孔口边缘的拉裂。为保证工件口部不被拉裂，应控制好实际翻孔时的变形程度，可由下式表示。

$$K = \frac{d_0}{D}$$

式中　K——翻边系数，K 值越小，说明变形程度越大，常用材料翻边系数见表 6-6；

　　　d_0——翻边前的孔径，mm；

　　　D——翻边后的孔径，mm。

表 6-6　常用材料的翻边系数和极限翻边系数

退火材料	K	K_{min}
镍铬合金钢	0.65～0.69	0.57～0.61
黄铜 H62	0.68	0.62
白铁皮	0.70	0.65
纯铜	0.72	0.63～0.69
软铝	0.71～0.83	0.63～0.74
低碳钢	0.74～0.87	0.65～0.71
合金结构钢	0.80～0.87	0.70～0.77
硬铝	0.89	0.80

注：翻制非圆形内孔时，其值应在此基础上减小 10%～15%。

（2）圆孔翻边的工艺计算　进行圆孔翻边工艺计算时，需根据工件的尺寸 D 计算出预冲孔直径 d，并核算翻边高度 H，如图 6-22 所示。

① 预制孔直径 d、竖边高度 H 的确定。对于平板坯料，计算公式如下。

预制孔直径：　　　　　$d = D - 2(H - 0.43r - 0.72t)$

可转化为竖边高度 H：　　$H = \frac{D}{2}(1 - K) + 0.43r + 0.72t$

式中　K——翻边系数；

　　　H——竖边高度，mm；

　　　D——翻边孔中线直径，mm；

t——板料的厚度，mm；

r——翻边圆角半径，mm。

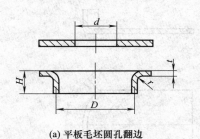 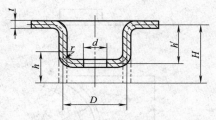

(a) 平板毛坯圆孔翻边　　　　　(b) 拉深件底部冲孔后再翻边

图 6-22　圆孔翻边

对于拉深件翻孔，计算公式如下。

翻边高度：
$$h = \frac{D-d}{2} + 0.57r = \frac{D}{2}(1-K) + 0.57r$$

预制孔直径：
$$d = K_{\min}D$$

拉深高度径：
$$h' = H - h_{\max} + r + t$$

② 圆孔翻边力计算。计算公式如下：
$$F = 1.1\pi t\sigma_b(D-d)$$

式中　F——翻边力，N；

　　　d——预制孔直径，mm；

　　　D——翻边孔中线直径，mm；

　　　t——板料的厚度，mm；

　　　σ_b——材料的屈服极限，MPa。

③ 翻孔模间隙。一般取单边间隙值 Z 为
$$Z = (0.75\sim0.85)t$$

④ 翻孔模工作部分的设计。凸模、凹模工作部分尺寸可参照拉深模的工作尺寸确定原则来确定。凸模圆角半径 r_p 越大越好，最好用曲面形凸模或锥形凸模，平底凸模一般取 $r_p \geqslant 4t$。凹模圆角半径可以直接按工件要求进行设计。当工件凸模圆角半径小于最小值时应加整形工序。

翻边凸模、凹模形状及尺寸如图 6-23 所示。

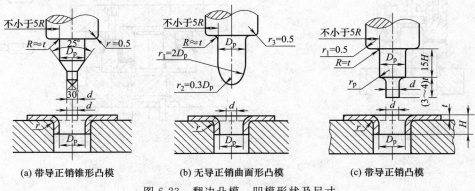

(a) 带导正销锥形凸模　　　　(b) 无导正销曲面形凸模　　　　(c) 带导正销凸模

图 6-23　翻边凸模、凹模形状及尺寸

2. 外缘翻边

根据变形性质，外缘翻边可分为伸长类翻边和压缩类翻边，如图 6-24 所示。

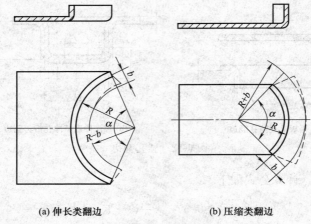

(a) 伸长类翻边　　　　　　　　(b) 压缩类翻边

图 6-24　外缘翻边

伸长类翻边变形类似于翻孔，其主要质量问题是在坯料底部出现起皱现象。变形程度可由下式表示：

$$K = \frac{b}{R-b}$$

压缩类翻边变形类似于拉深，其主要质量问题是变形区失稳起皱现象。变形程度可由下式表示：

$$K = \frac{b}{R+b}$$

3. 翻边模的典型结构

图 6-25 所示为内孔翻边模，其结构与拉深模基本相似。图 6-26 所示为内、外缘同时翻边的模具。

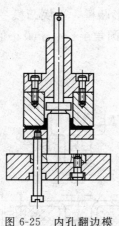

图 6-25　内孔翻边模

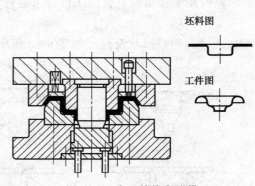

图 6-26　内、外缘翻边模

课题二
成形模具基础实训

 内容一 成形模具基础测试

一、填空题

1. 塑性变形工序除弯曲和拉深外其他成形工序外，还包括_____、____、____、____和旋压等冲压工序。

2. 在成形工序中，胀形和_____属于伸长类成形，成形极限主要受变形区内_____的限制。缩口和_____属于压缩类成形，成形极限主要受变形区_____的限制。

3. 翻边可分为_____和_____。

4. _____和_____是利用模具把板材上的孔缘或外缘翻成竖边的冲压加工方法。

5. 胀形的成形方法有_____（如压制突起、凹坑、加强筋、花纹图案及标记等）和_____。

6. 校形通常包括_____和_____。

二、判断题（正确的打√，错误的打×）

1. 成形工序是指对工件弯曲、拉深、成形等工序。 （　　）

2. 校平工序大都安排在冲裁、弯曲、拉深等工序之前。 （　　）

3. 校平和整形属于修整性成形工序，一般在冲裁、弯曲、拉深等冲压工序后进行。 （　　）

4. 成形模的特点是利用各种局部变形的方式来改变零件或板料的形状。 （　　）

5. 成形工序是指坯料在超过弹性极限条件下而获得一定形状的工序。 （　　）

6. 翻边的失效往往是边缘拉裂。 （　　）

7. 整形的目的是为了提高零件形状精度和尺寸精度。 （　　）

三、选择题（将正确的答案序号填到题目的空格处）

1. 除弯曲和拉深以外的成形工艺中，____均属于伸长类变形，其主要质量问题是拉裂。

A. 校平、整形、旋压 　　　　　　　　　　B. 缩口、翻边、挤压

C. 胀形、内孔翻边 　　　　　　　　　　　D. 胀形、外缘翻边中的内凹翻边

2. 圆孔翻边，主要的变形是坯料_____。

A. 切向的伸长和厚度方向的收缩   B. 切向的收缩和厚度方向的收缩

C. 切向的伸长和厚度方向的伸长   D. 切向的收缩和厚度方向的伸长

3. 外凸凸缘翻边的极限变形程度主要受材料变形区_____的限制。

A. 失稳起皱   B. 硬化   C. 开裂   D. 韧性

四、简答题

1. 内孔翻边的常见废品是什么？如何防止？

2. 缩口与拉深在变形特点上有何相同与不同的地方？

3. 举例说明哪些冲件需要整形。

五、读图题

1. 图 6-27 中零件分别采用何种工艺成形？

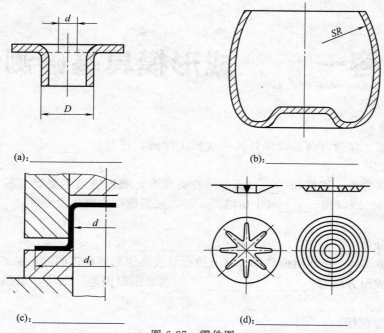

图 6-27 零件图

2. 简述图 6-28 所示两个零件的工艺成形特点与所采用模具的种类。

（a）工艺特点：   模具类型：

（b）工艺特点：   模具类型：

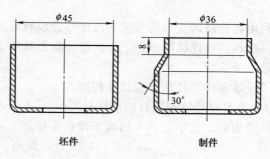

(a)

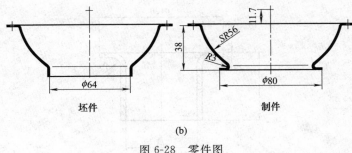

图 6-28　零件图

内容二　课堂实训

任务一　压力机上安装翻边模，试冲压

1. 实验设备、材料和工具

① 曲柄压力机一台。

② 翻边模一套。

③ 垫板、撬杆、垫块、压板、紧固螺栓、螺母、扳手若干。

2. 实验内容

① 将模具安装到压力机上，检查模具安装情况，调整上、下模保证凸、凹模间隙均匀。

② 进行翻边成形，在试成形过程中不断调整压边力的大小。

③ 更换不同坯料，进行翻边成形。

3. 实验记录

观察翻边件表面，指出翻边后竖立边缘的质量和翻边高度，并记录在表 6-7 中。

表 6-7　实验记录表

工件	材料名称	竖立边缘是否起皱	竖立边缘是否开裂	竖立边缘高度
工件 1				
工件 2				
工件 3				

任务二　翻边件工艺计算

1. 实验设备、材料和工具

① 翻边件零件图。

② 冲压手册、计算工具。

2. 实验内容

① 请对图 6-29 所示翻边件进行工艺计算。材料为 H62，材料厚度 $\delta = 1.5\,\mathrm{mm}$，$D = 40\,\mathrm{mm}$，$h = 8\,\mathrm{mm}$，采用翻孔成形。

② 另找其他翻边件，计算有关翻边工艺参数，填入表 6-8 中，并分析其工艺性。

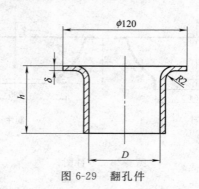

图 6-29　翻孔件

3. 实验记录（见表 6-8）

表 6-8　实验记录表

工件	翻边系数 K	冲孔直径 d	极限高度 H_{max}	翻边工艺性
工件 1				
工件 2				
工件 3				

任务三　翻边模工作部分设计计算

1. 实验设备、 材料和工具
① 翻边件零件图。
② 冲压手册、计算工具。

2. 实验内容
① 计算图 6-29 所示翻边件的凸、凹模刃口尺寸。
② 选择其他翻边件进行工艺计算。

3. 实验记录（见表 6-9）

表 6-9　实验记录表

零　件	凸模刃口尺寸	凹模刃口尺寸
翻边件 1		
翻边件 2		

附录

 冷作模具钢国内、外牌号对照

中国（GB/T 1299—2000）	日本（JISG 4404—1983）	美国（ASTM A 681—1984）
T9/T10	SK4	W1/W2
Cr12	SKD1	D3
Cr12Mo1V1	SKD11	D2
Cr12MoV	SKD11	—
9Mn2V	—	02
CrWMn	SKS31	—
9CrWMn	SKS3	01
W6Mo5Cr4V2	SKH51	M2

附录二 开式双柱可倾式压力机的部分技术参数

型　号	公称压力 /kN	滑块行程 /mm	行程次数 /（次/min）	最大闭合高度 /mm	连杆调节长度 /mm	工作台尺寸 前后×左右 /mm×mm	电动机功率 /kN	模柄孔尺寸 /mm×mm
J23-10A	100	60	135	180	35	240×360	1.1	φ30×50
J23-16	160	55	115	220	45	300×450	1.2	
J23-25	250	65	55/105	270	55	370×560	2.2	φ50×70
JB23-25	250	10～100	55	270	50	370×560	2.2	
J23-40	400	80	45/90	330	65	460×700	5.5	
J23-40	400	90	65	210	50	380×630	4	
J23-63	630	130	50	360	80	480×710	5.5	
JB23-63	630	100	40/80	400	80	570×860	7.5	
JC23-63	630	120	50	360	80	480×710	5.5	

续表

型　号	公称压力 /kN	滑块行程 /mm	行程次数 /(次/min)	最大闭合高度 /mm	连杆调节长度 /mm	工作台尺寸 前后×左右 /mm×mm	电动机功率 /kN	模柄孔尺寸 /mm×mm
J23-80	800	130	45	380	90	540×800	7.5	
JD23-80	800	115	45	417	80	480×720	7	
J23-100	1000	130	38	480	100	710×1080	10	
JC23-100A	1000	16~140	45	400	100	600×900	7.5	φ60×75
J23-100	1000	150	60	430	120	710×1080	10	
JA23-100	1000	150	60	430	120	710×1080	10	
JB23-125	1250	130	38	480	110	710×1080	10	
J13-160	1600	200	40	570	120	900×1360	15	φ70×80

附录三　　基准件标准公差数值

单位：μm

基本尺寸 /mm	公差等级										
	IT5	IT6	IT7	IT8	IT9	IT10	IT11	IT12	IT13	IT14	IT15
≤3	4	6	10	14	25	40	60	100	140	250	400
>3~6	5	8	12	18	30	48	75	120	180	300	480
>6~10	6	9	15	22	36	58	90	150	220	360	580
>10~18	8	11	18	27	43	70	110	180	270	430	700
>18~30	9	13	21	33	52	84	130	210	330	520	840
>30~50	11	16	25	39	62	100	160	250	390	620	1000
>50~80	13	19	30	46	74	120	190	300	460	740	1200
>80~120	15	22	35	54	87	140	220	350	540	870	1400
>120~180	18	25	40	63	100	160	250	400	630	1000	1600
>180~250	20	29	46	72	115	185	290	460	720	1150	1850
>250~315	23	32	52	81	130	210	320	520	810	1300	2100
>315~400	25	36	57	89	140	230	360	570	890	1400	2300
>400~500	27	40	63	97	155	250	400	630	970	1550	2500

附录四　　黑色金属机械性能

材料名称	材料牌号	抗剪 τ /(N/mm²)	抗拉 σ_b /(N/mm²)	屈服点 σ_s /(N/mm²)	弹性模量 E /(N/mm²)	延伸率 δ /%
电工硅钢	D	186	225			26
普通碳素钢	A3	304~373	432~461	253		21~25

续表

材料名称	材料牌号	抗剪 τ /(N/mm²)	抗拉 σ_b /(N/mm²)	屈服点 σ_s /(N/mm²)	弹性模量 E /(N/mm²)	延伸率 δ /%
碳素结构钢	08F	216～304	275～383	177		32
	08	255～353	324～441	196	186000	32
	10F	216～333	275～412	186		30
	10	255～333	294～432	206	194000	29
	20F	275～383	333～471	225	200000	26
	20	275～392	353～500	245	210000	25
	45	432～549	539～686	353	200000	16
	30	353～471	441～588	294	197000	22
	35	400～520	500～650	320	201000	20
	55	539	≥657	383		14
	65	588	≥716	412		12
碳素工具钢	T8A	588～932	736～1177			
优质碳素钢	65Mn	588	736	392	207000	12

注：1N/mm² = 1Pa，1MPa = 10^6 Pa。

附录五　模具常见配合关系

序　号	相关配合零件	配合要求
1	凸模与凸模固定板	H7/m6，H7/n6
2	上模座与模柄	H7/r6，H7/s6
3	上模座与导套	保证0.01mm间隙，粘接
4	下模座与导柱	H7/r6，H7/s6
5	导柱与导套	滚珠导向，过盈配合
6	卸料板与凸模	保证0.01mm间隙
7	销钉与需定位模板	H7/m6，H7/n6

附录六　应变中性层位移系数x

r/t	0.1	0.2	0.3	0.4	0.5	0.6	0.7	0.8	1.0	1.2
x	0.21	0.22	0.23	0.24	0.25	0.26	0.28	0.3	0.31	0.33
r/t	1.3	1.5	2	2.5	3	4	5	6	7	≥8
x	0.34	0.36	0.38	0.39	0.4	0.42	0.44	0.46	0.48	0.5

参 考 文 献

[1] 张华. 冲压工艺与模具设计. 北京：清华大学出版社，2009.

[2] 廖伟. 冲模设计技法与典型实例解析. 北京：化学工业出版社，2012.

[3] 张艳. 冲压模结构与模具制造. 北京：人民邮电出版社，2011.

[4] 双元制培训机械专业理论教材编委会. 机械工人专业工艺——工模具制造工分册. 北京：机械工业出版社，2009.

[5] 刘建超，等. 冲压模具设计与制造. 北京：高等教育出版社，2005.

[6] 王孝培. 冲压手册. 北京：机械工业出版社，1990.

[7] 欧阳波仪. 冲压工艺与模具结构. 北京：人民邮电出版社，2011.

[8] 周斌兴. 冲压模具设计与制造实训教程. 北京：国防工业出版社，2006.

[9] 孙京杰. 冲压模具设计与制造实训教程. 北京：化学工业出版社，2009.

[10] 赵孟栋. 冷冲模设计. 北京：机械工业出版社，2001.